视觉计算与图像复原

赵雪青　著

中国纺织出版社有限公司

内 容 提 要

本书主要包括视觉计算和图像复原两部分，详细介绍了视觉感知机理、视觉颜色和轮廓编码以及图像感知计算和复原等内容，并对智能计算相关的算法和关键技术进行了深入阐述。内容均为近几年的学术研究成果，具有一定的新颖性、独特性和实际价值。

本书内容丰富，既有大量的基础理论和分析，又列出了翔实生动的实际案例，可作为信息领域的研究人员、工程技术人员以及相关专业本科生、研究生的参考用书。

图书在版编目（CIP）数据

视觉计算与图像复原 / 赵雪青著. --北京：中国纺织出版社有限公司，2022.1（2024.3重印）

ISBN 978-7-5180-8943-7

Ⅰ. ①视… Ⅱ. ①赵… Ⅲ. ①计算机视觉-研究②图像恢复-研究 Ⅳ. ①TP302.7②TN911.73

中国版本图书馆 CIP 数据核字（2021）第 203590 号

责任编辑：孔会云　朱利锋　　责任校对：汪思飞

责任印制：何　建

中国纺织出版社有限公司出版发行

地址：北京市朝阳区百子湾东里 A407 号楼　邮政编码：100124

销售电话：010—67004422　传真：010—87155801

http://www.c-textilep.com

中国纺织出版社天猫旗舰店

官方微博 http://weibo.com/2119887771

北京兰星球彩色印刷有限公司印刷　　各地新华书店经销

2022 年 1 月第 1 版　　2024 年 3 月第 2 次印刷

开本：710×1000　1/16　印张：9.5

字数：145 千字　定价：88.00 元

序

图像是人类感知客观世界的重要媒介。不仅能够形象地表达物理对象，而且能够直观地描述物理对象的空间关系，进而使人类能够更加全面地认知理解并深刻地研究探索物理世界。当前，图像作为信息感知的主要载体，在其感知与处理过程中仍存在许多亟待解决的问题。

视觉是人类感知并获取图像的重要通路。伴随生物学发展与计算机算力提升，使认知视觉原理与模拟视觉计算成为可能。现今，人工智能在视觉领域的快速发展，进一步延伸了人类感知客观世界的时空维度，并使视觉计算在国防、工业、农业及商业等应用前沿发挥重要作用。

图像处理技术是获取高质量图像的有效保障。在人类通过各种手段及不同观测系统从客观世界获取图像的过程中，存在多类干扰因素（如各类噪声、运动模糊、散焦模糊、大气湍流模糊等），降低所获取图像的质量进而令其失去实际应用价值。因此，复原图像原始信息并提高图像辨析质量，进而还原其关联真实场景具有重要应用价值。

面对科学技术前沿且具有应用价值的挑战，本专著试图在视觉图像及相关处理技术领域，针对视觉计算与图像复原问题，提出解决问题的新方法与新思路。作者在专著中运用大量数学方法（如偏微分方程、泛函分析、图论及模糊理论等）及相关基础理论（如神经网络、小波变换、图割理论及智能算法等），紧跟技术发展趋势（如脑研究、类脑计算等），在生物学与计算机科学等多学科交叉地带，开拓出新的研究方向并取得重要研究成果。专著内容具有一定的新颖性、独特性与实用性，极具参考价值。

西安工程大学计算机科学学院院长

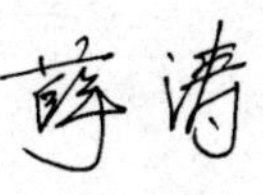

2021 年 8 月

前言

视觉与图像是人类获取信息与感知世界的重要通路与媒介。伴随科技的发展，人工智能应用加速，视觉及图像处理技术的研究又回到了国防、工业、农业及商业等应用前沿，但相关研究领域仍有诸多问题亟待解决。本专著旨在紧追视觉与图像研究领域的技术前沿，提出解决该领域问题的新方法与新思路。

本专著主要包括视觉计算及图像复原两部分研究内容。

在视觉计算研究方面，首先阐述了视觉、视觉计算、类脑计算等基本概念与技术演进路线；接着从生物学及生理结构层面，揭示了眼的结构及外界事物的光信号怎样通过视网膜并转化为视神经的电信号在视觉通路中传导，进而说明其视觉感知机理；随后，讨论了颜色机制在视觉计算中的概念、特征及应用（基于光照叠加的颜色恒常性计算与图像轮廓提取）；同时，研究了注意力机制在视觉计算中的概念、特征及应用（基于注意力机制的卷积神经网络）。

在图像复原研究方面，首先描述了图像降质成因、分类及其数学模型，根据图像退化过程中获得的先验知识建立对应的图像降质模型（如噪声干扰、运动模糊、散焦模糊、大气湍流模糊等主要图像降质模型），再依据该图像应用领域的相关知识及与原理设计相适的降质图像复原模型及算法，然后通过相关评价指标检测降质图像的复原质量，并以此判定图像复原模型的准确性与算法的适用性，最终给出一种简单、高效、适用范围较广且易于实现的降质图像复原解决方案。

本专著源于国家留学项目、青年基金项目与北京大学国内高校骨干教师访学项目，其中众多内容与材料取自以上项目的研究成果。在此，特别感谢各项目的指导老师和参与人员的辛苦付出！

由于作者水平有限，书中难免存在疏漏和不足之处，敬请读者批评指正。

赵雪青

2021 年 7 月

目　录

第一章　绪论

第一节　视觉与视觉计算

一、视觉

视觉源于人类或高阶生物对外界刺激产生的一种感觉，这种刺激促使视神经元细胞产生兴奋，进而产生视觉。生物机体借助视觉，能够感知外界物体的大小、形状、颜色、结构、距离及运动等特征信息。研究表明，80%以上的信息由视觉提供，视觉信息加上从其他感知系统获得的信息（如听觉、嗅觉、味觉、触觉等），由各感知通道相互协作处理，对生物机体的生存与发展具有重要意义。

视觉是感知系统中最重要的一个通道，主要通过视觉系统的感觉器官（眼）感知外界刺激。这些外界刺激主要由外界环境中一定频率范围的电磁波形成，人类与大部分哺乳动物所能感知的电磁波波长为380~760nm。这一波段内的电磁波能够被视觉系统以光的形式接收，也称为可见光。这些能够被视觉感知的光信号具有直线传播、光速传输及不依赖于具体介质等特点，同时光信号的特点保证视觉系统感知外界刺激时能够准确判断外界物体的大小、形状、颜色、结构、距离及运动等特征信息。可见光的频率与波长决定光的颜色，可见光的色散谱根据频率与波长依次为红、橙、黄、绿、青、蓝、紫，在可见光范围内频率低波长长偏向红，频率高波长短偏向紫。可见光的强度决定光的亮度，即相同频率波长可见光的光子数目越多，光子活动越剧烈，其光亮度越高。

可见光通过角膜到达瞳孔，经瞳孔对光的调节到达晶状体，进而在视网膜上成像形成物像。物像在视网膜上经过视杆细胞与视锥细胞两种光感受器内的视紫红质蛋白检测光，如是否有光信号、光的强度、光照的角度及光源的位置等信息，光感受细胞将检测到的光信号转换为生物神经电信号并传输至双极细胞，然后到达神经节细胞形成视神经，神经细胞之间通过突触对神经信号进行逐级综合处理，传导至大脑视觉中枢，最终形成视觉。

视觉信息离开眼球后先到达视交叉，两只眼睛将接收到的信息在视交叉进行重新拆分处理，即由左眼与右眼分别感知到的右侧视觉信息传输至左侧大脑、由左眼与右眼分别感知到的左侧视觉信息传输至右侧大脑。离开视交叉后，视觉信息分别被传递至视交叉上核、上丘和外侧膝状体三个部分。视交叉上核位于视交叉上方，主要影响生物节律（即生物钟）；上丘位于中脑四叠体，主要参与由光、声音等外界刺激产生的眼动神经活动，研究表明，眼动的模式与视觉信息的提取、自闭症、社交障碍等疾病相关；外侧膝状体位于丘脑，主要完成视觉信息更细粒度的处理，包括视觉细节特征的提取、分类及整合等，经视放射传递至初级视皮层。视觉信息将在初级视皮层区分发给多个高级脑区，再经高级脑区进行更加细致的后续处理。视觉信息流在不同的脑区之间反复传递，从而影响生物体的行为与思想，完成视觉认知外界的基本功能。

二、视觉计算

视觉系统有序而高度复杂，各视觉功能区相互连通且功能各异，对视觉信息相互协同组成视觉神经环路共同完成视觉认知。迄今交叉科学研究最多的一个领域便是生物机体的视觉系统，因为针对视觉系统的研究具有较为理想的动物替代模型，如借助于灵长类动物猴子的视觉机理来探究人类的视觉系统，人类自身视觉研究的经验积累又可进一步推进动物模型的视觉感知机理的实验、假设与论证。视觉作为主要的信息源为生物机体提供最丰富的信息，因此视觉系统的诸多特征及其对人类自身的影响引发科学家强烈的研究兴趣，且视觉系统研究人员的人数也远远超过其他神经科学研究领域，同时，心理学、生理学及人类行为学等相关研究又推动了视觉系统的研究。

近年来，视觉研究已成为感觉认知研究中的一个重要领域。一方面，其主要研究视觉信息如何在视觉系统中转换与处理，进一步揭示视知觉的神经机理并为认知与研究脑提供重要依据；另一方面，视觉研究的相关成果具有重要的实际应用意义，如在疾病医疗方面视觉的神经机理研究成果可直接指导治疗如弱视、眼盲、糖尿病视网膜病变及色盲等眼科疾病。

其他相关视觉研究还包括立体视觉、颜色视知觉、运动等视觉神经机理的研究，随着科学家对视觉研究的进展，从最初揭示可见光在视网膜及视皮层的信息转换到视觉功能脑区内部，神经元电信号的发放机制及其在整体大脑层级上研究视觉信息的编码、传递与处理，以及与人类知觉、心理及行为等相关的大脑视知觉神经机理方面的研究，由表及里不断深入。

目标识别也是视觉研究的基本问题之一，同时也是计算机视觉领域的关键问题之一。人类可以轻而易举辨别出无序场景中各种目标物体，但是对于计算机这有些困难。尤其是复杂环境背景下的目标识别，人类能够在短时间内有效完成计算机难以完成的事，这些特征与问题吸引了科学家探究其原因。因此，基于人类视觉感知机理的研究、基于视觉注意机制的目标识别问题又成为人工智能研究领域的一个热点与核心问题。

此外，在人工智能研究领域，借鉴人类大脑视觉感知、视觉通路及视觉皮层对于视觉信息的编码、整合与处理机制，可将其研究成果应用于计算机图形图像处理、模式识别等方面的计算模型构建与相关算法设计。随着现代计算科学与芯片技术的不断发展，基于生物视觉感知机理并采用计算机模拟视觉感知机制，科学家们针对视觉系统提出了新的计算模式，即视觉计算。其相关研究成果可直接应用于机器视觉、图像分析与模式识别等智能化计算与研究，甚至对于新型计算机体系结构的设计与研制也具有创新指导作用。针对视觉计算的理论研究源于马尔视觉计算理论和方法的提出[1]，标志着计算机视觉成为新的独立学科。马尔提出，人类视觉系统的主要功能是三维重建问题，即复原客观场景的可见视觉信息，且这种复原过程可以通过计算完成，从计算理论到算法实现，对客观世界中可见的视觉信息可以进行特征描述、关键特征提取及识别等计算。

第二节 图像与图像复原

随着多媒体技术的发展、数据运算速率的提升与网络吞吐量的增加，图像处理的应用瓶颈被打破；同时，人们感知世界多样化的迫切需求使图像这种感知媒介逐步渗入日常生活的各方面，进而推动图像处理领域再次成为国内外学术及工业界关注与研究的热点。图像作为信息感知的主要载体，在其捕获、计算及传输等处理过程中仍存在许多问题。

一、图像

求知与创新是人类的天性，认识与改造客观世界是社会发展的主线。对于客观世界任何有效、合理的改造都基于对于客观世界全面、深刻的认识[2]。人们通过诸多交互方式感知我们周围的世界，如视觉、听觉、触觉等；所获取的感知信息中80%来源于我们的眼睛，这其中75%的视觉信息以图像为载体记录下来。如图1-1所示，客观世界中对象以不同方式被感知，以不同方式呈现（注：不可见物理图像，可光谱感知，但不在人类的可视范围内）。

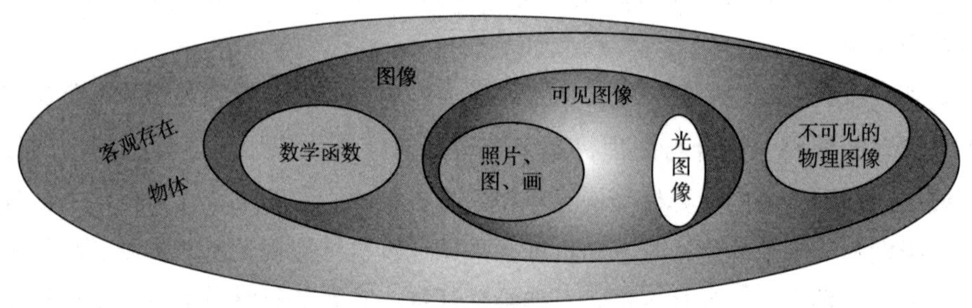

图1-1　客观世界中物体的描述形式

图像作为客观世界的重要表现形式之一，不仅可以更形象地表达物理对象，而且更易于人们认知对象间的关系，从而引导我们更深入地探究物理世界的本质。近年，随着多媒体技术的发展以及工业制造水平的进步，图像成像设备成本降低并逐步普及，应用到日常生活的各领域；图像也由于人们全面感知世界的需求，成为我们认识与改造客观世界的重要媒介。

二、图像降质

人类应用各种成像设备，通过不同的观测方法与传输手段获取图像，并通过计算、分析这些图像数据进而指导改造客观世界的实践活动。诸多图像处理领域的方法协助我们完成了这项由物理对象映射为图像，再将其转化为有效数据作用于客观世界的工作，如图1-2所示[3]。笔者认为映射并还原物理对象的原貌是后续认知工作的前提，而图像的清晰度将直接影响工作的结果，所以捕获高质量的图像变得尤为重要，是认识客观世界的基础工作。然而在获取图像的过程中存在诸多确定或不确定的因素影响成像水平，进而表现为图像失真、噪声干扰及模糊等使图像质量下降，简称图像降质（image degradation）或图像退化，如表 1-1 所示[4]。图像降质将直接影响图像后续处理过程，进而增加图像计算、分析、特征提取及目标识别的难度，间接降低图像数据的应用价值。面对某些瞬时场景，若无法重现或重现代价过高，而关键图像数据丢失，其损失可能是无法弥补的。因此，人们寻求是否存在某种图像处理方法可以从降质图像中恢复出清晰图像或真实场景，并且面向诸多图像降质的影响因素是否存在某项适用范围较广的降质图像复原方案。

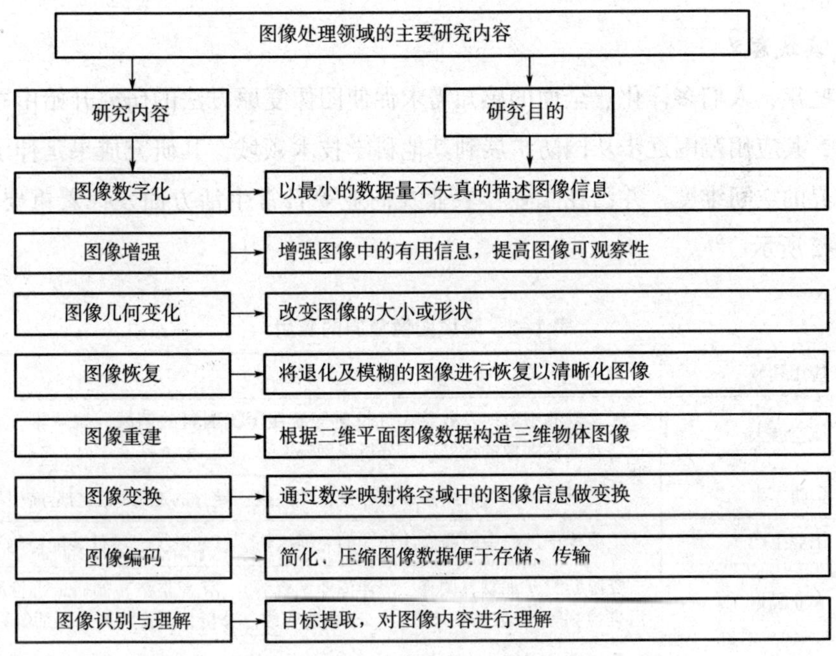

图 1-2 图像处理领域的主要研究

表 1-1 图像降质因素

图像降质因素	原因详述
成像固件缺陷	成像设备的光学固件变形（如透镜曲度变化、感光器件偏差等）引发图像畸变、失真及色差，导致图像降质
噪声干扰	成像过程中内部系统器件与外部环境条件的噪声干扰导致图像降质，其噪声包括热噪声、量化噪声及光噪声等
运动模糊	成像过程中设备与拍摄物体或场景间产生相对运动导致图像降质
大气湍流模糊	成像过程中大气湍流的扰动效应导致图像降质，多见于天文、遥感图像
离焦模糊	成像过程中设备聚焦不准导致图像降质

三、图像复原

图像复原（又称图像恢复，image restoration），是一种能够弥补或挽回图像中因降质丢失的视觉信息并改善图像质量的技术，其利用降质现象的某些先验知识来重建降质图像的原始信息，以此增加图像的清晰度并消减图像的噪声[5]。图像复原方法源于20世纪50年代末、60年代初美国与苏联的空间探索计划[6]，随后发展至今，目前已成为图像处理领域重要的研究分支之一，其研究具有重要的实践意义与理论价值。

1. 实践意义

近些年，人们多样化、全面的感知需求促使图像复原方法的研究开始由军用转向民用，其应用范围逐步从国防扩展到其他科学技术领域，其研究成果延伸了人们感知世界的空间维度，并已在工业、农业及商业等日常生活方面发挥着重要作用，如表1-2所示[7-9]。

表1-2 降质图像复原的应用

应用领域	实例
航空航天	天文观测中射线发散及大气折射等潜在干扰因素的消减，航空器、卫星等设备对遥感图像的预处理、分析识别等
国防军事	预警机、侦察机的图像数据分析，无人机、导弹的地形识别与巡航引导等
工业生产	工业生产过程中的图像认知，如无损探伤、石油勘探、零件装配检测等
农业规划	资源勘测（如森林调查、海洋渔业调查等），灾害监测（如病虫害检测、水污染检测等），农作物培育（如土壤营养成分分析、农作物产量评估等）
城市建设	城市环境测评，交通流量监测分析等
通信工程	基于图像的多媒体通信及其在各种网络终端的应用等
公共安防	指纹、人像的自动识别，印章、档案文字的鉴定，特定场景的监控等
生物医学	医学成像（如核磁共振、X射线、显微镜成像的预处理等），特定目标识别（如红细胞与白细胞分类、癌细胞识别等）
文化艺术	电视、动画、游戏等数字媒体的编辑与制作，纺织服装、工艺品、发型等设计与制作，文物、资料、照片的复制与修复，运动员的辅助训练与分析评价等

2. 理论价值

图像复原是一个逆问题求解过程，先根据图像退化过程中获得的先验知识建立对应的图像降质模型，再依据该图像应用领域的相关知识及原理设计合适的降质图像复原模型及算法，然后通过相关评价指标检测降质图像的复原质量，并以此判定图像复原模型的准确性与算法的适用性。在整个降质图像复原过程中，笔者运用了大量的数学方法（如偏微分方程、泛函分析、图论及模糊理论等）及相关应用领域的基础理论（如神经网络、小波变换、图割理论及智能算法等），多学科的交互推动了各自研究领域的进展，其间图像复原方法研究同样体现了重要的理论价值[10-11]。

（1）图像复原方法的研究有利于数学理论在图像处理领域的应用研究。数学是一门基础学科，其发展的动力之一源于物理现象的发现与实际问题的解决。近些年，数学应用于图像处理研究领域，作为解题工具发挥了重要的作用并获得了长足的发展。同时，图像复原模型及算法研究扩充了数学工具的选择范围，更多的数学理论与新兴学科知识交叉融合，相互促进、共同发展。

（2）图像复原方法的研究有利于解决图像处理领域的其他问题。图像降质因素普遍存在，针对不同的应用场景设计合适的降质图像复原模型及算法，获取清晰的图像、还原场景的原貌，为后续的数据分析与应用处理提供保障。

（3）图像复原方法的研究有利于相关边缘学科的发展。图像复原模型及算法研究与其他边缘学科有着紧密的联系，如降质图像质量的评价标准借鉴了人类视觉特征与心理学研究的部分方法与成果，并且伴随边缘学科的发展更易于催生出新的理论与算法。

（4）图像复原方法的研究有利于相关软件理论的研究与硬件设备的开发。

第三节　技术演进——脑研究与类脑计算

脑科学被认为是 21 世纪最具挑战性的重大科学问题之一，也是当前国际前沿热点问题，被各国视为未来引领经济增长与科技革命的重要研究领域。由于脑科学对人类健康、社会经济发展产生的重大影响，各国相继开展并实施各自的“脑计划”，以经济与社会发展需求标尺评判，各不相同，各具特色。

美国在 2013 年率先实施 BRAIN 计划，该计划由美国国家卫生研究院、国防部高级研究计划署与国家科学基金会共同支持，启动资金达 1 亿美元，并在 10 年内投入 30 亿美元。美国脑计划主要关注新型脑研究技术，重点探索人类大脑工作机制、绘制脑活动图谱，拓展对人类大脑健康和患病状态的认知，结合相关研究成果找到最终治疗、治愈以及预防神经系统疾病的方法。欧盟也在 2013 年提出了 HPB 计划，该计划整合欧洲 22 个国家、86 家机构与 150 个研究团队，在 10 年内投入 10 亿欧元，重点关注以超级计算机技术来模拟大脑功能，从脑功能结构、脑有关的疾病以及大脑工作建模三个方面展开研究。日本在 2014 年制定了脑科学研究推进计划，共投入 160 亿美元，重点在揭示脑、阐明脑功能、控制脑的发育和衰老、预防和治疗神经性疾病以及开发仿脑计算机方面进行研究。我国在 2012 年启动并实施了中国科学院“脑功能联结图谱”战略性先导科技专项，并提出“一体两翼”的发展规划，其中“体”是以研究脑认知的神经原理为主，“两翼”是研究脑重大疾病诊治新手段与脑智能新技术，还在“十三五”规划纲要中把脑科学研究列入国家重大科技项目，其中有两个重点关注方向，一是以探索大脑秘密、攻克大脑疾病为导向的脑科学研究；二是建立并发展以人工智能技术为导向的类脑智能研究。

目前，人类主要从微观和宏观两个维度研究大脑。微观方面，科学家从分子细胞水平来解析脑的活动机理，对脑神经元细胞水平的信息处理机制已经有了阶段性成果；宏观方面，科学家从各脑区及脑皮层来探究脑的功能及关联关系，也已经在多方面有了研究突破。但是在微观与宏观的交界面，例如，信息在神经环路中如何连接、传递以及神经网络如何执行脑区各项功能，仍然面临着一项又一项挑战；在脑研究的仿真、模拟及其应用方面，如何将计算机与人类结合以便增强人类现有的生物机能与脑力水平，也仍然有大量研究工作有待开展与推进。

现今，随着成像技术不断发展、成像分辨率迅速提升，科学家已经可以发现大脑中神经元的放电规律，并可以通过光脉冲探索大脑内部细胞的活动状况，采用高分辨率成像技术甚至能够观测并判断大脑内部神经元之间的功能连接。然而，针对大脑中更加复杂的意识与思想，目前还没有有效的科学仪器去探究与分析，神经科学的研究工具仍是重要的研究课题；虽然“脑计划”研究已经引起了国际上众多科学家的重视，但是全脑图谱的研究远未实现。从大脑对外界环境的感官认知，到对人类以及非人灵长类自我意识的认知，再到对语言的认知，在三个层次展开研究：具体探究人类对外界环境的感知，如人的注意力、学习记忆以及决策制定等；通过动物模型研究人类以及非人灵长类的自我意识、同情心及意识的形成；通过探究语法以及广泛的句式结构，用以改进人工智能技术。

人工智能研究领域专家梅宏认为，目前对大脑的研究是结合生物、物理、信息等多学科的交叉综合研究。解析生物大脑并利用人工智能仿生技术的研究参与模拟大脑神经系统的结构与工作机制，进而为推动人工智能的创新发展提供可能性与新思路。2020 年 7 月 15 日，随着英国公司 Graphcore 研发的 AI 芯片问世以及类脑芯片的开发，颠覆了传统芯片采用的冯诺依曼计算体系。模仿大脑运算模式的类脑芯片，其研制核心在于存算一体，其研制目标在于像大脑一样实现高性能低功耗的智能计算。这种新的计算模式即类脑计算，应运而生。

总之，全球性的脑科学与类脑研究反映出科学界和各国在“认识脑”“保护脑”“创造脑”方面的战略共识，并正在以不同形式展开与脑相关的各类科学研究，以此来解决人类所面临的生物与神经科学方面的问题，并向新一代人工智能技术与科技革命演进。

第二章　视觉感知机理

第一节　眼及其结构

眼是人类重要的感知器官，能够从外部世界捕获不同波长与强度的可见光，通过眼自身特殊的成像结构将这些获取的光信号转化为图像信息并产生对应的生物电脉冲，再由视觉神经传送至大脑视觉中枢。

一、眼的结构

离体的眼可视作一个球体，其结构如图 2-1 所示。

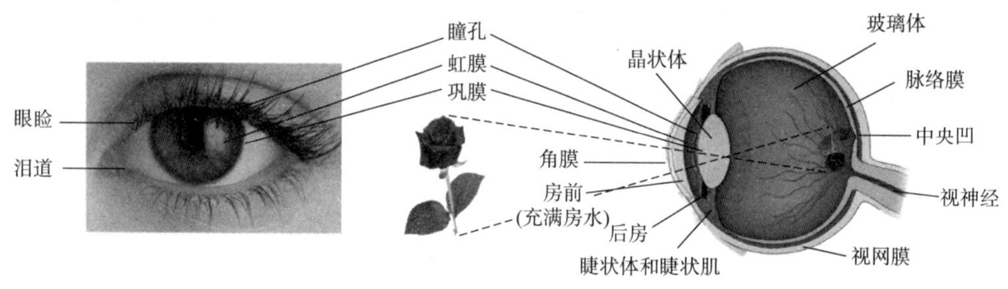

图 2-1　眼的结构

眼的外周被一种致密且呈乳白色的胶原纤维组织结构所包裹，该组织称为巩膜，俗称“眼白”，质地较坚韧，包裹了眼球的 5/6。

透明的角膜占据其余的 1/6，与巩膜一起构成眼球的外层，维持眼球形状和保护眼内组织，角膜呈椭圆形略像前突，具有丰富的神经和敏锐的感觉，是接收外界光信息的入口，如相机的镜头一样，眼睑和眼泪对“镜头”起着保护作用，通过眼皮的眨动产生泪膜来保护“镜头”，同时对眼睛起一定的保护作用。外界光线通过角膜射入眼内透明的晶状体，经房水到达瞳孔。

眼球的中间层由葡萄膜和色素膜组成，色素膜由虹膜、睫状体和脉络膜构成。虹膜位于葡萄膜最前端的晶体前，呈椭圆形，不同种族的人具有不同颜色的虹膜；睫状体连接虹膜与脉络膜，位于巩膜内侧，通过悬韧带与晶体相连；脉络膜含有丰富的色素，位于巩膜和视网膜中间，起着遮光暗房的作用。

眼内腔由前房、后房和玻璃体腔构成，主要由房水、晶状体和玻璃体这三种眼内容物组成，与透明的角膜一起组成屈光介质。房水主要维持眼压；晶状体位于虹膜、瞳孔后侧，玻璃体之前；玻璃体主要由水组成，能够支撑视网膜和屈光。

二、眼的光学功能

眼的光学功能主要由屈光传导和感光成像两部分完成[12]。

前者主要由角膜、房水、晶状体和玻璃体构成。眼的屈光传导过程中，由于房水和玻璃体的折射率与水相近，因此光线穿过时发生极少的折射和散射。而眼的屈光作用主要由角膜和晶状体决定，光线在此会发生折射，且角膜的各层组织都具有不同的折射率。研究表明，角膜的平均折射率通常是 1.376。而晶状体内的折射率呈中央区大、周边区小的特征，中央区的折射率基本一致，最大的变化在周边区，这种对光线渐变的折射现象能够有效通过减少球面相差提高成像质量。对直径较大的瞳孔，像差会引起视网膜成像的质量变差；对直径较小的瞳孔，衍射也会影响成像的质量。眼的感光成像和相机的光学成像相似，由物体发出的光线经过角膜射入眼内透明的晶状体，经过折射后在视网膜上成倒立的物像。如图 2-2 所示，两条发

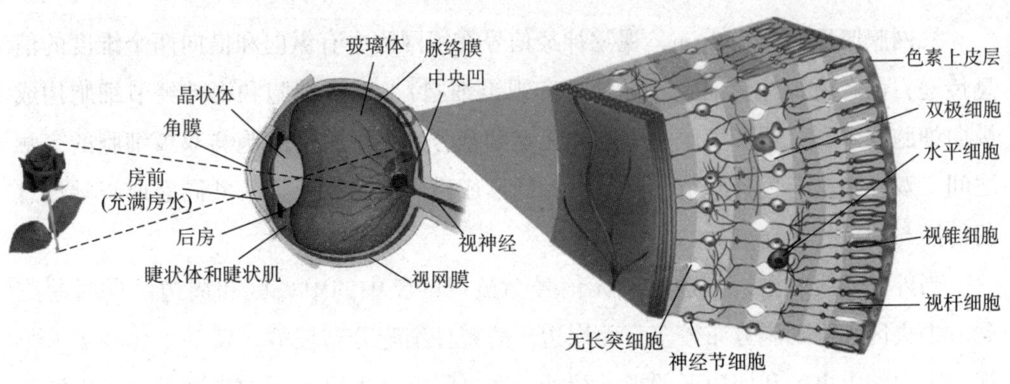

图 2-2　视网膜

自物体的光束经视网膜成像形成倒立的物像。

后者主要由视网膜构成。通过视神经将视网膜感知的光信号成像后产生的生物神经电信号传导至视觉皮层加工、整合，最终形成视觉。

第二节　视网膜

视网膜是眼球内具有外周视觉感受神经结构组成的一层透明的膜，是视觉形成的神经信息传输的起点。

一、视网膜的结构和功能

视网膜由具有光化学反应的色素上皮层，视杆和视锥细胞组成的感受细胞层，双极细胞、水平细胞和无足细胞组成的双极细胞层，以及视神经节细胞层四层组织构成。

视网膜上分布有大量的感光细胞，感光细胞中含有丰富的视紫红质蛋白。当感光细胞接收到光信号时，和视黄醛结合的视紫红质被分开，颜色会消退，单独活动的视紫红质发生一系列化学反应，最终在视网膜细胞中产生生物电信号。视网膜中的感光细胞将眼睛受到的光刺激转换为生物机体的电信号，进而对电信号在视网膜中的其他细胞，如双极细胞、水平细胞、无长突细胞等进行信息加工与整合，再传递至视网膜神经节细胞，并通过视觉神经传输到大脑，生物机体就会感觉有了光[13]。

视网膜厚度约为250μm，视觉神经信号在视网膜中有纵向和横向两个维度的信息传递，前者由视感受细胞（即视杆和视锥细胞）、双极细胞和视神经节细胞构成纵向细胞联系群，后者由水平细胞和无足细胞分别在视感受细胞与双极细胞的突触之间、双极细胞与视神经节细胞的突触间形成横向细胞联系群，共同完成视觉信息的传递与初级处理功能。

当外界光线刺激视网膜时，光信号会被视网膜中的中央区和周边区同时感应到，中央区视锥细胞分布较多，而周边区的视杆细胞分布较多。表2-1比较了人类视网膜中的中央区和周边区的视觉特征。通过眼睛进入视网膜的光通量主要由虹膜和瞳孔控制，通常情况下，虹膜上平滑肌伸缩控制瞳孔的大小，瞳孔的直径会随着生物体的行为及心理因素产生相应的变化。瞳孔放大，则有更多的光线到达视网膜，类似照相机中的“光圈”，能够随着光线的强弱而发生变化，对环境的明暗做出反应，自适应地调节光通量，影响眼睛对物体的可视清晰度。生理研究表明，视网膜能够有效地对光强信息进行编码，将其转换为神经脉冲反应。

表 2-1 人类视网膜中的中央区和周边区的视觉特征

中央区	周边区	视觉特征
仅有视锥细胞分布在中央凹，在其周围分布有视锥和视杆细胞，视锥细胞占比较高	远离视网膜中心区大量分布着视杆细胞	感受器细胞分布有差异
视觉信息来源于少数的视锥细胞，并将其传递至突触后神经细胞	视觉信息来源于大量的视杆细胞，并汇聚于后传递至突触后神经细胞	视觉信息传输
在光强度高的环境中产生视觉辨别反应，在光强度低的环境中不发挥视觉功能	在光强度低的环境中产生视觉辨别反应，在光强度高的环境中不发挥视觉功能	对光强度的反应
对物体细节特征的反应较好	对物体细节特征的反应较差	对物体细节特征的反应
拥有大量的视锥细胞，因此具有主要的颜色感知视觉功能	只有少量的视锥细胞，因此对颜色的感知较弱	颜色感知功能

二、视网膜的感光换能

随着外界光线进入眼睛，大部分光线穿过瞳孔在视网膜上被感光细胞（如晶状体、玻璃体、血管和一些非感光细胞）所吸收，只有一部分光线在视网膜上成像，并参与后续光电反应过程。参与此过程的主要是光色素，由视网膜素和视蛋白与其相结合构成，该物质对光照变化的反应较为敏感，在黑暗的环境中其分子结构相对稳定，有光照刺激时迅速反应吸收光能，重新处于黑暗环境时，光色素吸收的光能致使细胞膜上钠通道关闭，进而引起光感受细胞超极化，减弱对双极细胞的抑制作用，使双极细胞产生兴奋发放电脉冲信号。如图 2-3 所示的视网膜内信息传递过程，视觉信息沿着 A，B，C，D 分别进行传递，其中，AB 传递视锥细胞信号，CD 传递视杆细胞信号，视锥细胞感受外界光的波长信息，由视青质、视紫蓝质和视红质三种感色细胞分别感受不同波长的光信息经 AB 传递；视杆细胞含有视紫红质，感受外界光的明暗度经 CD 传递。对 AC 途径给光刺激时，视锥、视杆细胞产生兴奋形成 ON 型感受野，视觉信息沿 AC 传递，而 BD 途径没有光刺激，视锥、视杆细胞产生兴奋形成 OFF 型感受野，视觉信息沿 BD 传递。另外，双极细胞接收到来自视细胞和水平细胞的视觉信息，形成中心—周边感受野。生理机制上，视细胞感知到外界光刺激，视色素吸收部分光能量激活转导蛋白，转导蛋白激活磷酸二酯酶使其分解 cGMP，随着 cGMP 的含量下降，由 cGMP 打开的钠离子通道开始关闭，因此，钠离子内流减少，而细胞由于钾离子仍然持续外流而产生超极化反应，谷氨酸的释放减少，对视网膜神经的抑制性减弱，从而激发与光刺激相关的神经电冲动，完成光电转换，产生的电位变化转化为神经冲动，进而传递至视觉中枢。

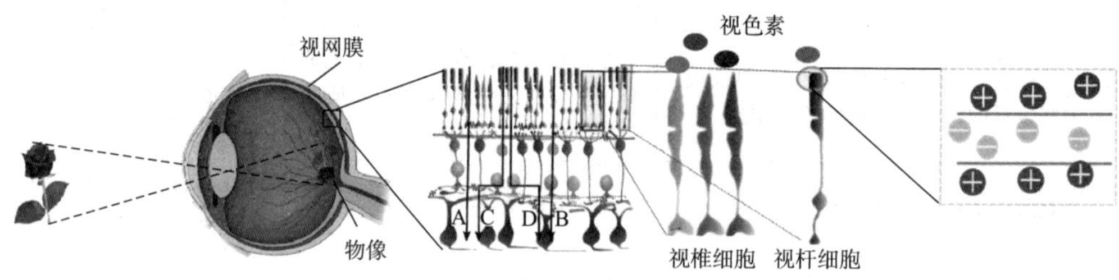

图 2-3　视网膜内信息传递

第三节　视觉神经与视觉通路

一、视觉神经

神经元是组成生物机体神经系统最基本的结构和功能单元，是大脑的主要结构单元，主要用于整合、加工和连接神经元之间的信息传递，这一过程通过一系列复杂的化学反应来完成，其主要结构包括树突、轴突、突触、细胞体和神经末梢，如图 2-4 所示。按其在生物机体内的功能可分为感觉神经元（传入神经元）、运动神经元（传出神经元）和联络神经元（中间神经元）。表 2-2 列出来神经元主要结构及其功能特点。

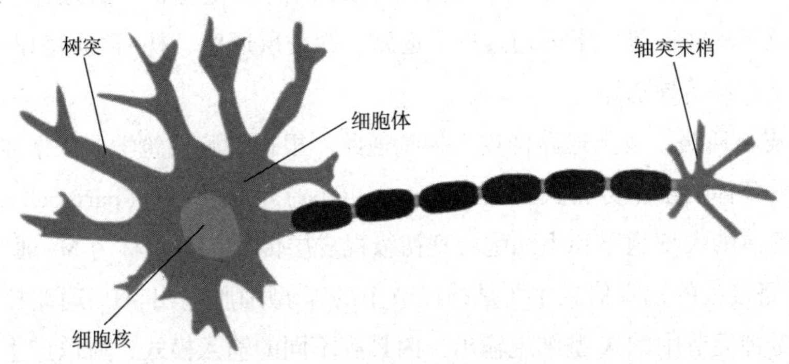

图 2-4 神经元结构

表 2-2 神经元主要结构形态特征及其功能特点

主要结构	形态特征	功能特点
树突	由胞体生出的众多细小突起	收集来自其他神经元的生物信号，并将其转化为在一定范围内变化的电脉冲信号，该变化程度依赖于神经元对树突刺激的强度
轴突	神经元的一条细长的突起	向其他神经元进行长距离传导电脉冲信号，大部分神经元的轴突被髓鞘包裹，能够加速电脉冲信号的传导，轴突对信息的处理效率由单位时间内产生的电脉冲信号强度决定
突触	位于一个神经元的末端和另一个神经元树突之间	将一个神经元的化学信号转换成另一个神经元的电信号，神经递质在此与另一个神经元树突膜上的特异性位点相结合产生效应
细胞体	由细胞核和细胞器构成	整合所有从树突上传导来的电脉冲信号，并进行编码，进而转换为一系列沿轴突传导的动作电位
神经末梢	位于轴突末端	释放神经递质至突触，神经末端传递的信息强度由释放的神经递质的量决定

视觉系统中神经元之间的信息传递主要由视网膜中的光感受器细胞（视锥细胞核、视杆细胞）完成，外界光线在此被编码为神经元电脉冲信号，再通过水平细胞、双极细胞、无长突细胞和神经节细胞初级处理后传递至大脑的初级视皮层区，经过颞区和顶骨联合区到达前头叶区进而建立视觉认知。

二、视觉通路

神经解剖学和生理学研究表明，视觉信息处理具有层次性和系统性，各层级的视觉神经元表现出不同的机能，对进入眼睛的光刺激在视网膜上形成的物像进行不同层级、不同特征的分析和处理，从而形成复杂的视觉特征，如颜色、形状、方位、距离及运动特征等。下面通过皮下通路、视皮层通路、枕-顶通路和枕-颞通路来介绍视觉神经传导通路。

（1）皮下通路。皮下通路即皮下视觉通路。根据细胞构筑学，依据神经元形状的大小将外膝体的细胞分为大细胞（magnocellular）和小细胞（parvocelluar），视觉信息由外膝体的大细胞层和小细胞层到初级视皮层传导，分别称为 M-通路和 P-通路，M-通路接收的视觉信息主要是神经节中的 Y 型细胞输出，P-通路接收的视觉信息主要是神经节中的 X 型细胞输出，因具有不同的输入模式，所以产生不同的视觉反应，其差异主要表现在对视觉信息的颜色、对比度、精度和反应速度方面，M-细胞对颜色的选择性不敏感，能够对其感受野中心区不同颜色的光激活，也能对其感受野周边区各种颜色的光抑制，若被亮度差别较小的不同颜色的光刺激，M-细胞的兴奋性变化不明显。对比度方面，M-细胞对于低对比度的光刺激较敏感，对比度的变化能够引起 M-细胞较强的反应。精度方面，M-细胞具有较大的感受野中心区；反应速度方面，M-细胞对视觉刺激的变化具有较强反应，因此对视觉刺激的运动具有较强的选择性反应。P-细胞对颜色较敏感，因此具有颜色选择性，能够对颜色差异产生较强的反应；P-细胞具有较小的感受野中心区；能够对静止物体的特征细节进行分析。

（2）视皮层通路。视觉信息通过皮下 M-通路和 P-通路向视皮层 V1、V2 传导过程中，进一步通过三条特异性的视皮层通路进行信息传递，分别是大细胞优势通路、柱优势通路和柱间优势通路。大细胞优势通路主要接收来自 M-通路的信息，同时接收来自 V1 区神经投射的粗暗条纹区，对特定方位选择具有较强的反应，而对颜色不敏感，单眼对光刺激反应较弱，双眼对光刺激反应较强，因而能表现出较强的视差反应，在立体视觉中发挥作用。柱优势通路主要接收来自 P-通路的信息，以及部分 V1 柱区的信息，具有较强的信息加工能力，对颜色和亮度的反应较敏感，产生颜色拮抗反应。柱间优势通路主要接收来自 P-通路的信息，以及 V1 区柱间区投射的明条纹区，具有方位选择性，对物体的边缘产生反应，对颜色信息的编码不明显，不具有颜色拮抗反应，对具有亮度反差的边缘产生反应，因此对物像的形状具有较好的辨别能力。

（3）枕-顶通路和枕-颞通路。视觉信息经过皮下通路和视皮层通路向更加高级的脑区投射过程中，主要通过背侧和腹侧两条通路完成，即枕-顶通路和枕-颞通路。视觉信息在枕-顶通路中传导时，起始于枕叶，投射目标位于顶叶，故称为枕-顶通路，包括中颞叶（middle temporal cortex，简称 MT）和内上颞叶（medial superior temporal cortex，简称 MST），主要接收来自大细胞优势通路的信息，以及 V1 区和 V2 区粗条纹区的信息，MT 区通过较大的感受野来感知物体的空间位置信息，对物体的运动产生重要的反应。枕-颞通路又称腹侧通路，主要对物体的形状、尺度、颜色、明暗度等细节信息进行编码，对特定形状的视觉刺激产生选择性反应，对人类的下颞叶区研究表明，下颞叶区的神经元对特定的面容具有较强的反应，结合其他神经元的群体反应，能够选择性的参与视觉的认知过程。

第四节 感觉与视觉

一、感觉

感觉是大脑对作用于感觉器官的个体属性的反应，由感觉器官接收到的刺激的形态、位置、时间及强度四种基本属性关联产生。感觉可分为外部感觉与内部感觉，外部感觉主要包括视觉、听觉、嗅觉、触觉与味觉五类基本感官系统；内部感觉主要指运动、平衡及机体等感受，且感觉通常具有适应、对比、补偿、联觉等规律性特点。

感觉的适应性体现在，如针对视觉系统能够适应外界光线由亮到暗或由暗到亮的环境；听觉系统能够适应嘈杂的环境；嗅觉系统具有“入芝兰之室，久而不闻其香”的适应性；触觉系统具有适应衣物重量的适应性，等等。

感觉的对比性体现在同一环境中颜色、明暗等视觉信息的对比性，或者有时间先后的继时对比性。

感觉的补偿性体现在某一种感觉技能的丧失能够使其他感觉系统技能进行补偿，如盲人对听觉和触觉的辨别能力较普通人更加灵敏。

感觉的联觉体现在一种感觉引起另一种感觉，如视觉刺激引起的其他感觉，冷色调引起清凉的感觉，暖色调引起温暖的感觉等。

大脑对外界刺激的精准感知不仅需要整合外部感觉信号和内部神经冲动，而且与先前获得的刺激信息相关[14]。

感觉信息通过特异性传导将各种刺激产生的信息传递至大脑，进而形成主观感知的判断。感觉信息的传导有特异性传导和非特异性传导。前者在中枢神经系统内沿固定路径传递感觉信息，经过脊神经和脑神经区到达中枢神经系统，并经过固定数目的突触传递将感觉信息传递至相应的大脑皮层感觉区；后者与机能结构有关，涉及脑干网状结构和丘脑非特异性核团等，沿分支路径传递感觉信息至脑干网状结构，再经多次神经元突触之间的转换传递，最终向大脑皮层的广泛区域呈散射性的感觉信息传递。在特异性传导过程中，各级中枢神经元脉冲的发放频率受其外周感受野的影响，生理研究表明，感觉神经元的感受野有兴奋性和抑制性两种类型。兴奋性感受野受到外界刺激会导致神经元脉冲的发放频率增加，抑制性感受野受到外界刺激会导致神经元脉冲的发放频率降低。神经元通过改变其脉冲的发放频率对不同的刺激进行编码，如视觉神经元可通过增加神经元脉冲的发放频率来编码物体的颜色特征信息，而通过降低神经元脉冲的发放频率来编码物体的形状特征信息；在特定的外界刺激下，特定的神经元向大脑传递同一种信息，其编码的信息与神经元脉冲的发放时间相关，如感觉神经元对不同时间段接收到的运动信息进行编码时，其传入时神经元冲动的先后会影响机体对不同运动方向的感知，再如对不同时间接收到的听觉信息进行编码，机体会针对不同的方位做出相应的感知。另有研究表明，对外界刺激的感知适应及做出的行为变化是动物生存的关键，如体内饥饿或口渴、厌恶或食欲引起的情感状态等均会导致动物有不同的行为反应[15]。

二、视觉

当视觉系统受到外界视觉刺激时，眼睛会快速运动并将外界的视觉场景信息以光的形式传输至视网膜的中央凹，眼睛的运动会导致外界场景在视网膜实际的成像会发生偏移，然而，生物体对视觉场景的感觉是稳定和连续的，这是由于眼睛在运动过程中，视觉神经元对视觉刺激能够进行空间移动，并且视觉感受野会对眼睛运动的结果进行预测，进而改变视觉神经元的空间表达[16]。

1. 视觉感受器

视觉作为人类和动物最重要的感觉器官之一，是获得外界信息的主要通道，在各种感觉中起着主导作用。视觉通过接受一定频率和波长的电磁波刺激，激活视觉感受器细胞膜的去极化或超极化，进而产生电位进行神经信息传递。人类所能接受的电磁波波长是380~760nm的可见光，其他的电磁波如红外线、紫外线等，无法被人类视觉感受器接受。当可见光光线透过角膜射入瞳孔并经过水晶体折射后到达视网膜，穿过视神经纤维细胞和双极细胞，刺激视觉感光细胞（视锥细胞和视杆细胞）膜电位变化，通过光化学反应将光能转化为化学能，化学能转化为神经电能产生神经电脉冲，依次经过双极性细胞、神经节细胞、外膝细胞、简单细胞、复杂细胞及超复杂细胞等逐级传递视觉信息至大脑枕叶视觉中枢。

视觉信息通过神经元细胞之间的突触进行传递，既有兴奋性链接也有抑制性连接，视觉信息传递方式可以通过串行或者并行逐层向大脑投射，大脑视觉处理系统对不同通路的视觉信息进行多层次、协作式处理，具体体现在不同细胞对不同的信息产生响应，包括视觉感知的层次性，如视觉信息的处理过程通过注意前、知觉和理解三个阶段逐级加工完成。注意前主要由大量视觉细胞对视觉信息进行多层次并行加工，通过神经细胞间的协助与竞争完成；知觉包括整体知觉和局部细节知觉，前者先于后者，经过注意前期的多层次并行加工处理，整体知觉以较大范围快速捕获如运动、立体、方位等信息，然后，局部细节知觉将细节信息填充到整体知觉中；理解主要是在视觉的知觉信息形成后，结合生物体本身具有的先验知识不断修正知觉信息，最后对整体信息给出一种可解释的信息。另外，大脑视觉处理系统对信息的描述也具有层次性，如对于同一层次的视觉神经元，在每一个位置上同一运动方向的神经元组成一个处理层级，不同位置对应不同方向的处理层级。众多的视觉神经元细胞相互作用，感知不同的视觉特征，多种视觉特征信息相互联系构成对外界刺激物体的整体认知，体现视觉系统的整体功能。

2. 视觉感受野

自 1962 年 Hubel 和 Wiesel 关于感受野的研究展开以来，对视觉信息传递机制的理解更加深入。感受野是视觉神经机制研究中最基本的一个概念，最初由 Hartline 等引入，将其称为经典感受野[17]。生理研究表明，视网膜上一定区域受到视觉刺激后，引起感光细胞神经能量的激活，并引起视觉系统各层级神经细胞的反应，视网膜上这个感光细胞区域称为细胞感受野[18]。根据感受野在视觉系统中的不同区域，可将感受野分为视网膜感受野、外膝体感受野和视皮层感受野。不同区域的感受野能够接受不同的视觉刺激，产生特定的感觉，如视网膜受到外界不同波长的电磁波，感受野能感受到不同的颜色。近年来，随着各种光刺激模式、成像设备及分析手段的进步，李朝义院士在猫的视网膜上首次发现了经典感受野之外存在一个范围更大的非经典感受野，并发现非经典感受野对视觉信息的加工整合起着重要的作用。结合经典感受野和非经典感受野构建计算模型，能够更好地检测出图像的轮廓信息，并且对图像的亮度和颜色具有明显的感知，在提取图像形状和物体主体轮廓方面具有重要的研究意义。

2020 年 5 月 20 日，Massimo Scanziani 等提出了视觉皮层中产生第二感受野[9]。这种感受野能够通过反馈机制来改变细胞对生电脉冲的发放，进而改变细胞对视觉刺激的响应模式，反馈的信息来自于高级视皮层的反馈投射。视觉神经系统对外界刺激的视觉信息通过不同形式的感受野对信息提取、加工和整合，共同完成信息特征的提取。不同的感受野只对自身区域内的视觉刺激产生神经元的放电，而对区域外的视觉刺激不会引起神经元的放电，但是当中心经典感受野与其外周区域受到同一时间内一定范围的视觉刺激时，外周区域的神经元活动能够引起神经元对视觉刺激的抑制或兴奋。研究发现，视网膜的双极细胞具有同心圆形状的感受野，即视觉刺激对双极细胞兴奋性输入的同时会受其周围水平细胞抑制性的影响，通常称为“开—中心”（on-center）感受野；相反地，当视觉刺激对双极细胞抑制性输入，而周围区域为兴奋性时，则称为“关—中心”（off-center）感受野。因此，双极细胞的这种“开—关”机制会影响到视神经节细胞感受野对视觉刺激的响应，视神经节感受野也具有同心圆特征，即中心—周边（center-surround）的兴奋和抑制区。视觉刺激通过神经节细胞向外膝体、视皮层神经元传递视觉信息时，信息的加工和整合也会受到感受野不同区域神经元活动的影响，这也是造成视觉信息在不同层级发生变化的机理。如图 2-5 所示。

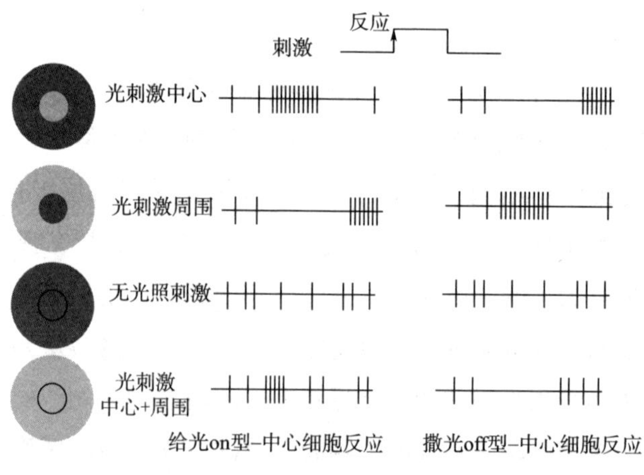

图 2-5　不同的感受野对视觉刺激产生神经元的放电反应

视觉皮层感受野细胞根据神经元反应特性可分为简单细胞、复杂细胞和超复杂细胞。简单细胞位于初级视皮层 V1，是第四层，呈条形或边沿形，具有固定的感受野兴奋区和一侧或两侧的抑制区，其方向垂直、水平或倾斜，视觉神经元细胞对光刺激产生“开—关”反应，其兴奋区对光强度、给光方向具有较强的选择性。复杂细胞位于初级视皮层 V1 和 V2 区，感受野范围较大，呈长方形，没有明显的兴奋区和抑制区，感光特性与简单细胞类似，感受野对特定方位的光刺激产生响应，能够对光刺激的方位信息进行编码。超复杂细胞也位于初级视皮层 V1 和 V2 区，接收简单细胞和复杂细胞的信息输入，感受野呈长方形，分为低级超复杂细胞和高级超复杂细胞，前者对视觉刺激的一端具有较强的抑制，后者对直角方向的线或边缘产生反应，感光特性与复杂细胞类似，若光刺激的区域超过其感受野，则视觉神经元细胞的反应会消失。综上所述，简单细胞主要参与编码视觉刺激的线条边界、方向和位置信息，复杂细胞和超复杂细胞主要参与编码视觉刺激的方位、边角和运动信息。

第三章　图像颜色恒常性计算与轮廓提取

第一节　颜色与颜色感知

一、颜色表示和分类

颜色是视觉感知系统对不同波段的可见光能够做出相应的视觉神经反应，包括色相、明度和饱和度三个特性。色相也称为色阶、色质、色调等，指不同波长的光形成的特定颜色；明度指颜色的深浅，物体反射出的光的强度；饱和度也称为颜色的纯度、彩度，色纯，指物体反射的光的纯净程度。在工业界，通常采用 RGB 来表示物体的颜色，即红、绿、蓝三个颜色通道的叠加来表示图像显示在屏幕上的颜色。基于颜色的上述特性，视觉系统能够轻易辨识物体的形状、大小和颜色等视觉信息。人类对颜色的感知不仅来自视觉感知系统的反应，而且受到人类自身心理因素的影响，将客观和主观的颜色感知联系起来进行定量研究的色度学，涵盖了光学、心理学、视觉生理学等多门学科的综合，能够对颜色进行计算、评价和度量。

通常，用颜色的三个特性来表示颜色，如图 3-1 所示。色相由不同波长的光形成的特定颜色通过视觉神经元产生反应，如图 3-1 中的红、黄、蓝、绿、紫等。若视觉系统接收的外界光刺激来自发光物体，则物体的色相由视觉系统能够接收的光谱组成；若视觉系统接收的外界光刺激来自非发光物体，则物体的色相由光源的光谱和物体自身的反射光谱组成。明度是视觉对外界物体所呈现的明暗程度的感觉，由外界发光物体的亮度或非发光物体表面的反射光谱决定。饱和度即不同波长的光形成的特定颜色的纯度，与物体表面的反射光谱相关，物体对单色光反射率越高，则其颜色的饱和度越高。

颜色除了具有色相、明度和饱和度三个特性以外，还有两类色系，即有色系和

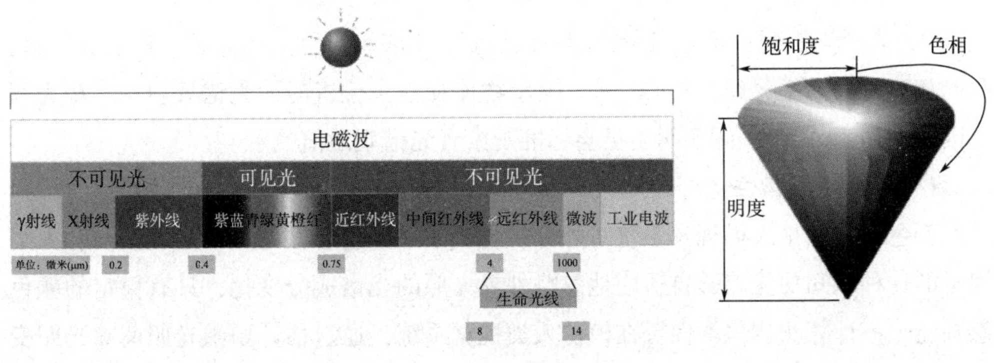

图 3-1　可见光及颜色特性

无色系。有色系具有颜色的三个特性，无色系主要黑、白、灰色的物体，不具有颜色的色相与饱和度特性，只具有明度特性。视觉系统感知到的色觉不仅是由一个外界光刺激的光谱形成，而且与外界物体的方位、背景等相关，视网膜感受器能够对不同光谱的光信息进行加工，不同比例的光谱刺激能产生不同的颜色。例如，将红、绿、蓝三种光谱混合，能够产生白光，调整三种单色光谱的比例可产生相应的颜色，视觉系统能够根据不同的色相、明度和饱和度辨别颜色。

由于视觉系统对颜色认知具有一定的主观性，采用颜色系统来定量表示颜色。颜色系统包括色序系统和混色系统两类，前者基于心理具有较强的主观感觉，包括对物体的表明质感、距离、周边环境等因素的感知，分为物体本身感知到的颜色(物体表明的反射颜色和透过物体的投射颜色)、光源的颜色等，主要基于色卡等标准对颜色进行定量分析，并采用颜色的三种特性进行分类；后者以匹配某一颜色的光谱为基准进行定量分析，即可用任意的光谱刺激视觉系统后椎体细胞产生的电脉冲相应量来进行分析，对应的光谱可用颜色刺激函数来表征，由客观的刺激函数和视觉系统的响应组合描述。

二、颜色感知

视觉系统接收的外界光刺激会受到物体、光源和人眼三个基本要素的影响，视觉系统最终响应的客观物体的颜色信息用 $U(x)$ 表示，E、D 和 S 分别表示光源的相对光谱功率、国际照明委员会标准观察者光谱刺激值和客观物体的光谱反射率，其相互关系以式（3-1）表示。

$$U(x) = H\sum E(\lambda)D(\lambda)S(\lambda,\ x)\Delta\lambda \tag{3-1}$$

式中：x 表示识别颜色像素点所在的空间位置，λ 表示可见光的波长，E（λ）为光源的相对光谱功率分布，S（λ，x）表示物体在点 x 位置时的光谱反射率，H 为调整因子，D（λ）为国际照明委员会标准观察者光谱刺激值[20]。

（一）颜色恒常性

颜色恒常性是人类视觉系统对外界视觉刺激中颜色感知的一种心理倾向，人类视觉的这种认知功能能够自适应地忽略外界光照的光谱成分变化，具有稳定的颜色感知能力。计算颜色恒常性旨在模仿人类视觉系统，通过估计场景光照消除光照变化对物体颜色的影响，从而获得标准白光下的客观物体原本的颜色，使计算机获得具有与人类视觉系统类似的特性。颜色恒常计算方法被广泛应用在计算机视觉，应用于颜色的对象识别、图像检索、图像分类、彩色物体识别和物体跟踪等众多领域。

（二）视觉系统感知颜色

人类视觉系统在感知客观场景颜色的过程中，主要通过视觉系统中感光细胞对外界光刺激的化学反应，感光细胞主要由红敏视锥细胞（波长为 570nm）、绿敏视锥细胞（波长为 535nm）和蓝敏视锥细胞（波长为 445nm）组成。由视蛋白和视黄醛组成感光色素分子，共同加工不同波长的光刺激并将其转换为红、绿、蓝三原色神经脉冲电信号进行传递。生理研究表明，三原色神经脉冲电信号向后一级的视神经通路传导过程中，颜色编码时以拮抗对的形式进行传递，即通过双色拮抗神经元进行颜色信息的传递，如红—绿拮抗，当红色被激活，则绿色被抑制，或红色被抑制，绿色被激活。针对来自不同视锥细胞的信息如何在神经节细胞中进行编码这一问题，Field 等绘制了神经节单个细胞的输入—输出图，从神经节细胞群的位置及其类型方面进行研究[21]。

（三）视觉系统对颜色的编码

视觉系统感知颜色主要通过视觉感受器中的千万个感光色素分子，通过吸收不同波长的红、绿、蓝光谱，将光能转换为神经脉冲电活动，再传递至视觉皮层产生对颜色的认知。研究表明，视觉神经节细胞对颜色的反应具有拮抗作用，同时通过同心圆式的感受野对视觉刺激进行中心—周边拮抗反应。外侧膝状体对颜色的编码方式与神经节细胞一样，也通过同心圆式的感受野对颜色刺激产生拮抗反应。如图 3-2 所示，当持续的红色光谱刺激神经元时，神经元产生持续的兴奋，当红色光谱刺激消失后，神经元产生超极化反应，致使绿色知觉产生，这也是生物体在持续注视红色物体之后看到白色背景，则会看到绿色的原因。色盲被认为视觉神经机制研究过程中的重大发现之一，究其原因，色盲主要是遗传因素引起，即色盲者染色体基因异于常人，由于视锥细胞中缺乏对某种光谱敏感的色素分析，因此缺乏对特定颜色空间的认知能力，但是色盲者的其他视觉功能完好。

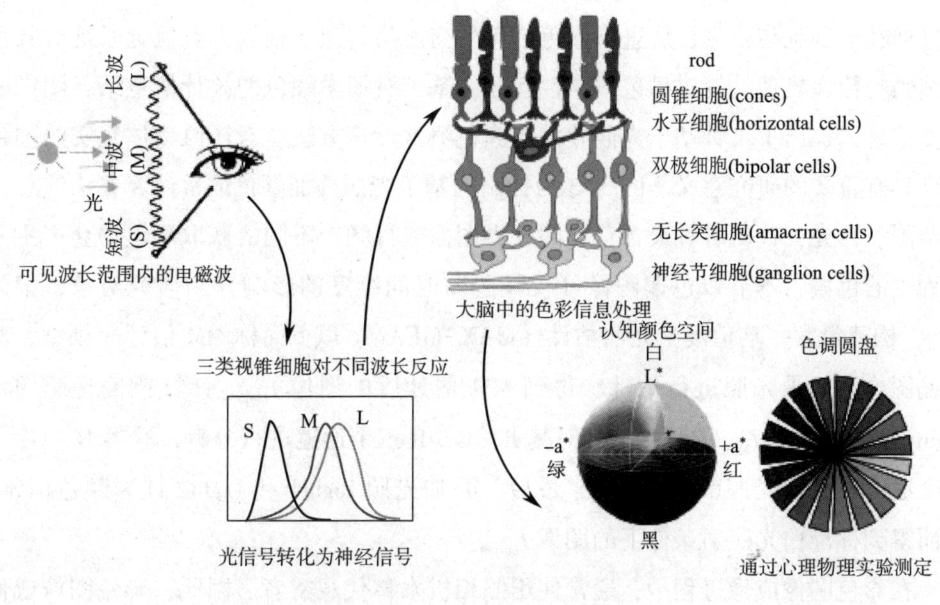

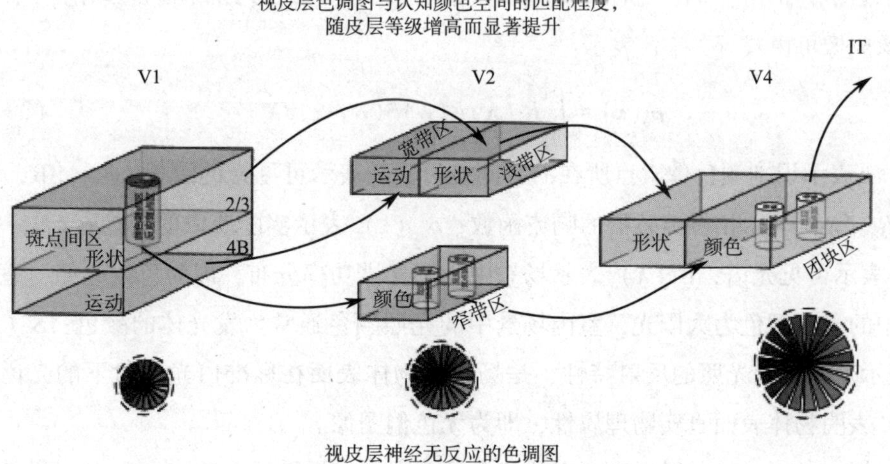

图 3-2　视觉系统对颜色的编码过程

第二节 基于光照叠加的颜色恒常性计算

人类视觉系统中，视觉神经元主要通过视锥细胞与视杆细胞对不同波长的外界光刺激产生不同的响应，不同类型神经元细胞间相互作用共同形成对颜色的感知，通过神经节细胞与视觉皮层进行颜色信息的交流与传递。根据人类视觉系统对颜色的编码与传递机理，针对颜色恒常性问题，基于对场景颜色的统计信息结合图像的灰度信息，提出了一种基于光照叠加的颜色恒常计算方法，对还原物体真实的颜色信息具有重要的研究意义。图 3-3 为提出的基于光照叠加颜色恒常计算方法的总体框架图。首先，针对各种设备获取的外界图像或视频，不同的获取环境均会产生一定程度的色偏，本节以色偏图像（视频忽略时间维度的影响）为研究对象，记为 I_{input}，构建最大—均值场景光照估计（MAX-MEAN，以下简称 MM 估计）模型，对色偏图像的场景光照进行估计，得到 MM 估计后的图像 I_{MM}，计算色偏光照颜色 Light1，结合图像 I_{MM} 的灰度信息对其 R，G，B 三个通道进行分解，获得 R，G，B 三个通道中色偏光照颜色 Light2，最后，叠加光照 Light1 和 Light2 计算颜色恒常，从而得到标准白光照射条件下的图像 I_{output}。

在彩色图像成像过程中，通常使用照相机来替代观察者。因此，彩色图像成像的三个因素分别由物体、光源和照相机三个因素决定。根据 Lambertian 理论[22]，彩色图像成像可由式（3-2）表示：

$$\rho_o(x) = \int_{t_2}^{t_1} R_o(\lambda) E(\lambda) S(\lambda, x) \mathrm{d}\lambda \tag{3-2}$$

式中：x 表示识别颜色像素点所在的空间位置；λ 表示可见光的波长；$o=$［R，G，B］；R_o（λ）表示相机传感器的响应函数；ρ_o（x）表示实际获取的图像；（t_1，t_2）$\in T$，表示可见光谱；E（λ）表示场景中光源光谱功率分布，即为色偏光照，室外场景中的光照颜色为太阳光，室内场景中的光照颜色通常为发光体的颜色；S（λ，x）表示点 x 位置光照的反射特性，是场景中物体表面在标准白光照射下的光谱反射率，表明物体表面真实物理属性，即为无色偏图像。

根据 Lambertian 反射理论，当照相机具有窄带光谱敏感度响应函数时，彩色图像的成像表达式：

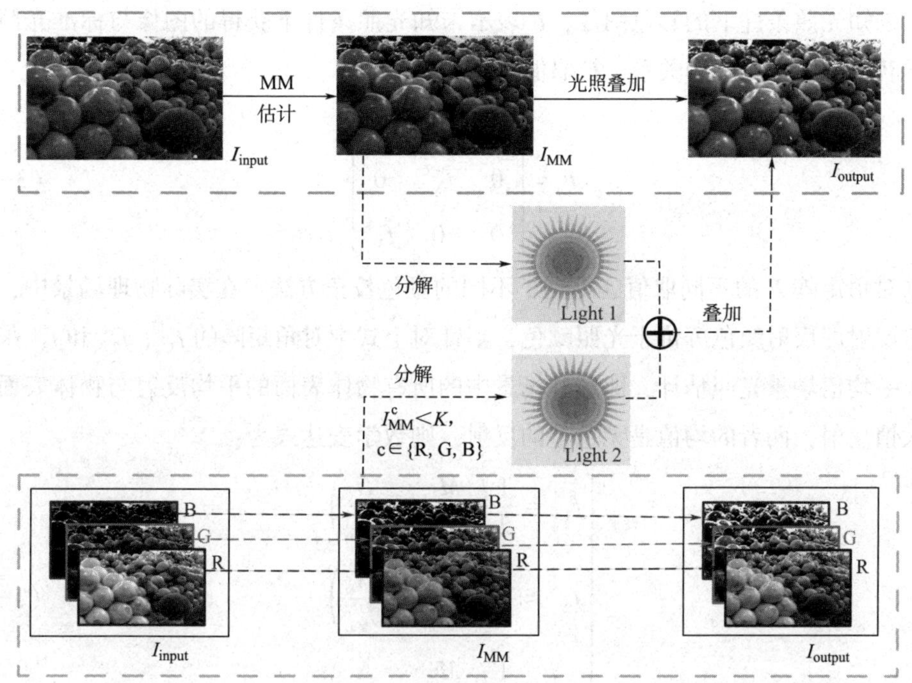

图 3-3 颜色恒常计算方法框架图

$$\rho(x) = E(\lambda)\,S(\lambda,\ x) \tag{3-3}$$

颜色恒常的目的就是通过观测到的色偏图像 $\rho(x)$ 估计出在标准白光照射条件下的图像 $S(\lambda, x)$，则式（3-3）中标准白光照射条件下的图像 $S(\lambda, x)$ 为：

$$S(\lambda,\ x) = E(\lambda)^{-1}\rho(x) \tag{3-4}$$

1. 最大—均值场景光照估计

在均匀光照条件下，视觉系统感知的图像颜色空间中，R，G，B 三个颜色通道颜色的变化相互独立，即光照对任意一个颜色通道的影响和另外两个通道无关[13]。此处采用 Von kries 对角变换来描述彩色图像颜色与光照的关系[14]。Von kries 对角变换是一种线性映射变换，能够有效地对彩色图像进行变换，进而实现的 R，G，B 三个通道独立变换，将在未知光照条件下的拍摄图像转换到标准光照条件下的图像，对图像的光照进行全局修正。Von kries 对角变换中，利用一个对角矩阵的变化，描述了同一物体表面在两个不同光照条件下颜色之间的关系：

$$\boldsymbol{X} = \boldsymbol{F} * \boldsymbol{Y} \tag{3-5}$$

式中：$\boldsymbol{X}=[X_R, X_G, X_B]^T$ 表示标准光照条件下的彩色图像；$\boldsymbol{Y}=[Y_R, Y_G, Y_B]^T$

表示未知光照条件下的彩色图像；**F** 表示未知光照条件下获得的图像与标准光照条件下获得的图像之间的关系，**F** 取值如下：

$$\boldsymbol{F}=\begin{bmatrix} f_1^{-1} & 0 & 0 \\ 0 & f_2^{-1} & 0 \\ 0 & 0 & f_3^{-1} \end{bmatrix} \tag{3-6}$$

根据对角矩阵 **F** 的不同取值，得到了不同的颜色校正方法。在实际物理场景中，无色差反射即反射颜色等价于光照颜色，则针对上式中对角矩阵的 f_1^{-1}、f_2^{-1} 和 f_3^{-1} 采用最大—均值场景光照估计，即估计场景中的所有物体表面的平均反射与物体表面的最大值反射，两者的均值是无色差的反射，则数学表达式为：

$$\begin{cases} f_1^{-1}=\dfrac{1}{2}\left(\dfrac{M}{R_{\text{Mean}}}+\dfrac{N}{R_{\text{Max}}}\right) \\ f_2^{-1}=\dfrac{1}{2}\left(\dfrac{M}{G_{\text{Mean}}}+\dfrac{N}{G_{\text{Max}}}\right) \\ f_3^{-1}=\dfrac{1}{2}\left(\dfrac{M}{B_{\text{Mean}}}+\dfrac{N}{B_{\text{Max}}}\right) \end{cases} \tag{3-7}$$

式中：M 为 R，G，B 三个通道的总均值；R_{Mean}，G_{Mean}，B_{Mean} 分为 R，G，B 三个通道的均值；$\dfrac{M}{R_{\text{Mean}}}$，$\dfrac{M}{G_{\text{Mean}}}$，$\dfrac{M}{B_{\text{Mean}}}$表示为物体表面颜色 R，G，B 三个通道平均反射；N 表示标准的白光；R_{Max}，G_{Max}，B_{Max} 分别为 R，G，B 三个通道最大值；$\dfrac{N}{R_{\text{Max}}}$，$\dfrac{N}{G_{\text{Max}}}$，$\dfrac{N}{B_{\text{Max}}}$分别表示 R，G，B 三个通道相对于标准白光的偏移量，即物体表面的最大值反射，R，G，B 三通道的像素值范围均为［0，255］。

2. 光照叠加物理环境中获取的彩色图像 I_{input}

经过 MM 估计得到无色偏图像 I_{MM}，以及相对应的光照 Light1。有效结合图像 I_{MM} 的灰度信息并对其 R，G，B 三个通道进行分解，获得相对应的色偏光照 Light2 由式（3-8）表示：

$$I_{\text{MM2}}^{\text{c}}=\begin{cases} 0, & I_{\text{MM}}^{\text{c}} >= K \\ I_{\text{MM}}^{\text{c}}, & I_{\text{MM}}^{\text{c}} < K \end{cases} \tag{3-8}$$

$$\text{Light2}=\text{mean}(I_{\text{MM2}}^{\text{c}})$$

式中：$c \in \{R, G, B\}$，无色偏图像 I_{MM}^{c} 的 R，G，B 三个通道中像素值小于 K 的值（K 取值为 0.7），被认定为未去除干净的光照，并将图像中 R，G，B 三个通道中像素值小于 K 的均值定义为色偏光照 Light2，将色偏光照 Light1 与色偏光照 Light2 叠加并对其取均值，得到新的色偏光照，从而得到最终的无色偏图像 I_{output}。

3. 仿真测试

采用公开的数据集 SFU Gray-ball[20]，包含 11346 幅从视频中提取出来的 4856 幅室内和 6490 幅室外场景图像，每幅图像中有一个固定在摄像机上的灰色小球作为参考，以此获得不同场景下的光照颜色值。同时，采用常用的颜色恒常计算性能对比指标角度误差 err_{angle} 作为误差度量，其计算公式为[25]：

$$err_{angle}(e_a, e_b) = \cos^{-1}\left(\frac{\| e_a \cdot e_b \|}{\| e_a \| \| e_b \|}\right)\left(\frac{180°}{\pi}\right) \tag{3-9}$$

式中：$e_a = [R_a, G_a, B_a]^T$，$e_b = [R_b, G_b, B_b]^T$，e_a 和 e_b 分别表示估计光照和真实光照，$e_a \cdot e_b$ 表示 e_a 和 e_b 的点积，$\| \cdot \|$ 表示欧几里得范数，err_{angle} 越小表明光照越接近真实光照。

图 3-4 为不同光照条件下的部分测试图，（a）（b）（c）（e）为室内图像，（d）和（f）为室外图像。由图 3-4 中各灰色小球展示出的不同颜色可知，在不同

(R, G, B)=(0.41, 0.34, 0.25)
(a)

(R, G, B)=(0.67, 0.26, 0.08)
(b)

(R, G, B)=(0.60, 0.32, 0.08)
(c)

(R, G, B)=(0.23, 0.32, 0.45)
(d)

(R, G, B)=(0.56, 0.33, 0.12)
(e)

(R, G, B)=(0.34, 0.37, 0.30)
(f)

图 3-4 SFU Gray-ball 数据集中不同光照条件下测试图

场景下获取的图像具有不同的光照颜色。为了验证本节提出方法的有效性，针对 Gray-World，White-Patch[26-27] 及基于学习的方法进行实验对比（表 3-1）。实验平台为 Matlab R2019a，Intel Core，i7，CPU 2. 60GHz。

表 3-1　各种方法在 SFU Gray-ball 数据集上角度误差的结果对比

方法		平均角度误差	中值角度误差	最好的 25%角度误差	最差的 25%角度误差	每幅图像的计算时间/s
基于统计的方法	Gray-World	13. 0	11. 0	3. 1	26. 0	0. 009
	White-Patch	12. 7	10. 5	2. 5	26. 2	0. 007
	General Gray-World	12. 6	11. 1	3. 8	26. 9	0. 015
	本节提出的方法	12. 5	10. 4	3. 6	25. 3	0. 010
基于深度学习的方法	Spatio-spectral	10. 3	8. 9	2. 8	20. 3	8. 239（测试时间）

由表 3-1 看出，本节提出的计算方法计算效率较高，运算速度较快，相比于基于统计的计算方法，本节提出的颜色恒常性计算方法 err_{angle} 较低；相比于基于学习的计算方法，本文提出的颜色恒常性计算方法运算效率较低，运算速度快。基于学习的 Spatio-spectral 计算方法用时为训练（64720. 141s）及测试（93484. 648s）总用时（158204. 789s）。主观方面，针对图 3-4 中所列的测试图，采用上述颜色恒常计算方法进行比较，结果如图 3-5 所示。第一列为不同光照情况下的室内室外图像，(a)（b)（c)（e）行为室内图像；（d）（f）行为室外图像，图像中的灰色小球用来描述光照的颜色，图 3-5 中白色和红色虚线框勾勒出图像放大后的局部区域，清楚地展示了使用不同颜色恒常计算方法得到图像颜色的变化情况。对比（d）行图像，原始拍摄到的图像中（第一列)，由于光照原因，导致远处的山体显示为较重的红色，近处的山体呈现较暗的颜色，且灰色小球用来描述图像中光照的颜色，呈现出较暗的颜色，使用本节的计算方法（第四列）与 Gray-World 计算方法(第二列)、White-Patch 计算方法（第三列）相比较，图像左边的山体颜色更为明显，远方的山体呈现出较淡的红色，灰色小球的颜色更加明亮，更大程度上得到自然光照下的无色偏图像颜色。每一行中，通过对比图像中的灰色小球的颜色，可以清楚地观察到，本节提出的颜色恒常计算方法结果，即第四列图像中的灰色小球相较于其他列图像中的灰色小球有更清晰的颜色，表明本文提出的计算方法在可以更大程度上清除色偏光照，得到无色偏图像。上述实验结果表明，即使是在某些极端的情况

下，本节提出的颜色恒常计算方法在室内和室外图像上产生较为明显的结果。

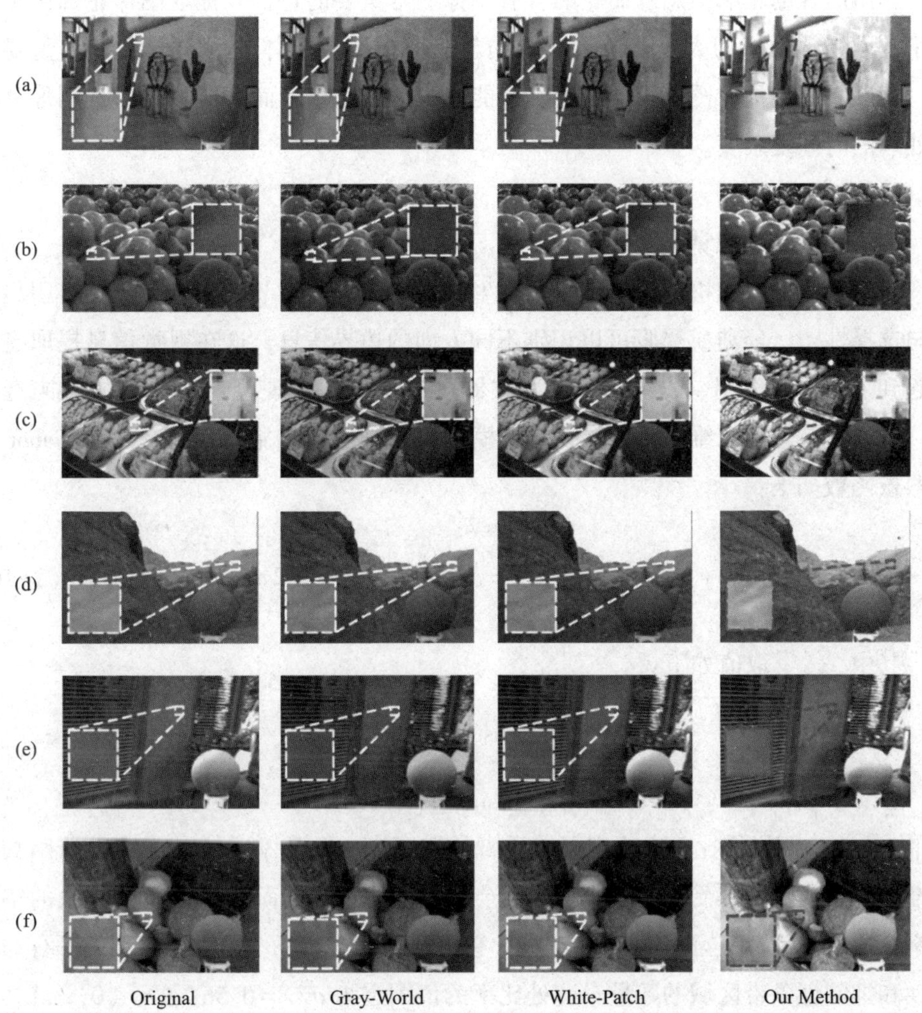

图 3-5　使用各种颜色恒常计算方法和本节提出的计算方法的颜色恒常性比较

第三节　图像轮廓提取

生理研究发现，非经典感受野比经典感受野大 3~5 倍。感受野对特定方位的光刺激产生响应，经典感受野与非经典感受野相互作用，对光刺激的方位信息进行编码，针对实际的图像轮廓信息，刚好能够与视觉神经元的最优朝向匹配，能够有效地检测出图像的轮廓信息。而轮廓含有图像非常重要的特征，提取图像轮廓信息有助于获取视觉物体的大小、位置和方向等信息。图像主体轮廓包含大部分重要信息，精准有效地提取图像主体轮廓不仅能减少信息冗余，而且能降低后续图像分析和处理的时间复杂度。

一、初级轮廓视觉感知计算

对生物视觉感知机制的研究表明，生物视网膜的神经节细胞感受野具有明显的方向选择性[8]，经典感受野可以识别不同方向的边界信息，这在视觉信息提取过程中起到了重要的作用。二维 Gabor 滤波器可以很好地实现经典感受野的方向选择性，所以本节选择二维 Gabor 滤波器来模拟简单神经节细胞感受野，二维 Gabor 滤波器核函数如下：

$$g(x,\ y,\ \lambda,\ \sigma,\ \theta,\ \varphi) = \exp\left(\frac{\tilde{x}^2 + \gamma\tilde{y}^2}{2\sigma^2}\cos\left(2\pi\frac{\tilde{x}}{\lambda} + \varphi\right)\right) \tag{3-10}$$

其中，$\tilde{x}$，$\tilde{y}$ 取值如下：

$$\tilde{x} = x\cos\theta + y\sin\theta$$

$$\tilde{y} = -x\sin\theta + y\cos\theta$$

式中：γ 为空间纵横比，它决定了感受野的椭圆度，此处 $\gamma=0.5$；σ 为高斯函数的标准偏差，决定了感受野的大小；λ 为余弦因数的波长，而 $1/\lambda$ 是余弦因数的空间频率；比率 σ/λ 决定了空间频率带宽，它决定了在接收场中可以观察到的平行的兴奋性和抑制性条带区域的数量，此处比率的值固定为 $\sigma/\lambda=0.56$；$\theta\in(0,\ \pi)$，它决定了感受野的朝向；φ 是确定对称性的相位偏移，此处取 $\varphi=0$ 和 $\varphi=-\frac{\pi}{2}$ 来构成奇偶滤波器模拟简单细胞感受野。

4 个尺度 12 个方向的 Gabor 核函数二维图像如图 3-6 所示。

根据卷积定理，简单神经节细胞感受野函数与输入的图像 $f(x,\ y)$ 的响应 $r(x,\ y,\ \lambda,\ \sigma,\ \theta,\ \varphi)$ 是二者的卷积：

$$r(x,\ y,\ \lambda,\ \sigma,\ \theta_i,\ \varphi) = f(x,\ y)\cdot g(x,\ y,\ \lambda,\ \sigma,\ \theta_i,\ \varphi) \tag{3-11}$$

复杂细胞的感受野[28]，同样对于图像的边缘方向信息非常敏感，在计算机视

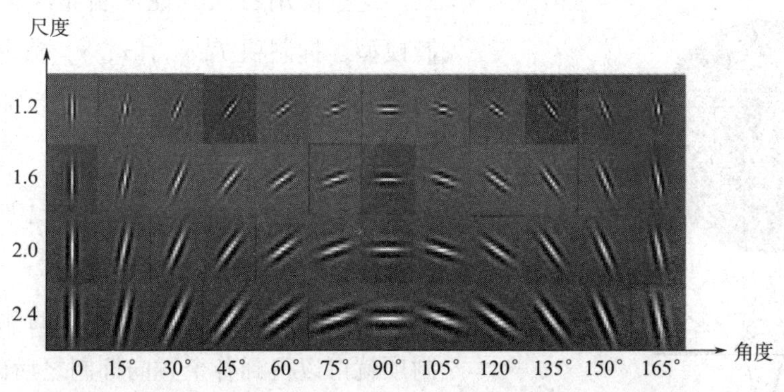

图 3-6　4 个尺度 12 个方向的 Gabor 核函数二维图像

觉中使用简单细胞奇对称感受野滤波器、偶对称感受野滤波器的响应模，即先平方求和后再开方，来捕捉典型复杂细胞的基本特性，复杂细胞响应如下：

$$E_{\sigma,\lambda,\theta}(x, y)=\sqrt{r_{\sigma,\lambda,0}^{2}(x, y)+r_{\sigma,\lambda,-\frac{\pi}{2}}^{2}(x, y)} \tag{3-12}$$

感受野的方向如下：

$$\theta_i=\frac{(i-1)\pi}{N_\theta},\quad i=1, 2, \cdots\cdots N_\theta \tag{3-13}$$

二、非经典感受野抑制

生物研究发现，在经典感受野的外周围还有一圈大概为经典感受野 4 倍大小的非经典感受野。非经典感受野主要功能是对经典感受野输出结果进行调制，表现为抑制作用或兴奋作用。这里使用 DOG 函数来模拟非经典感受野，函数如下：

$$\mathrm{DOG}(x, y)=H\left[\frac{1}{2\pi(k\sigma)^2}\exp\left(-\frac{x^2+y^2}{2(k\sigma)^2}\right)\frac{1}{2\pi\sigma^2}\exp\left(-\frac{x^2+y^2}{2\sigma^2}\right)\right] \tag{3-14}$$

式中：$H(x)$ 为一个取正运算函数，当 $x>0$ 时 $H(x)=x$，当 $x\leqslant 0$ 时 $H(x)=0$。k 是中心高斯函数标准差与外周标准差的比率，它代表非经典感受野与经典感受野之间的大小关系。因为非经典感受野的尺寸一般为经典感受野的 2~5 倍[27]，此处取 $k=4$。非经典感受野模型的距离加权函数（图 3-7）如下：

$$W_{\mathrm{DOG}}=\frac{\mathrm{DOG}(x, y)}{\|\mathrm{DOG}(x, y)\|} \tag{3-15}$$

式中：$\|\cdot\|$表示 L_1 范数。

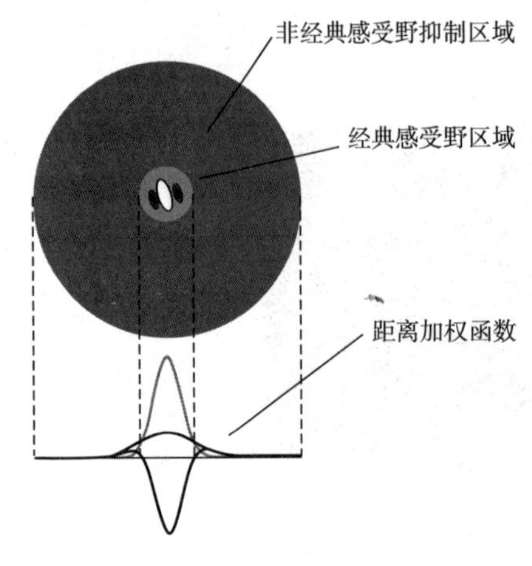

图 3-7　非经典感受野函数图

这里使用各向异性抑制非经典感受野抑制模型，抑制项 $T^{A}_{\sigma,\lambda,\theta_i}(x,y)$ 是由各个方向的复杂细胞感受野得到的响应与加权函数的卷积，见式（3-16）：

$$T^{A}_{\sigma,\lambda,\theta_i}(x,y)=E_{\sigma,\lambda,\theta}(x,y)\cdot w_{\sigma}(x,y) \tag{3-16}$$

利用复杂细胞感受野得到的响应减去抑制项就可以得到各个方向抑制之后的结果：

$$\tilde{b}^{A\alpha}_{\sigma,\lambda,\theta_i}(x,y)=H[E_{\sigma,\lambda,\theta_i}(x,y)-\alpha T^{A}_{\sigma,\lambda,\theta_i}(x,y)] \tag{3-17}$$

式中：α 是非经典感受野抑制作用的强度系数，$H(x)$ 为一个取正运算函数。

之后从同一个尺度，每一个像素点位置挑选最大的响应方向作为该像素点的响应：

$$b^{A\alpha}_{\sigma,\lambda,\theta_i}(x,y)=\max\{\tilde{b}^{A\alpha}_{\sigma,\lambda,\theta_i}(x,y)\mid i=1,\cdots\cdots N_{\theta}\} \tag{3-18}$$

记录每一个像素位置最优方向，计算式为：

$$\Theta^{A}(x,y)=\theta_k \tag{3-19}$$

式中：$k=\operatorname{argmax}\{\tilde{b}^{A\alpha}_{\sigma,\lambda,\theta_i}(x,y)\mid i=1,\cdots\cdots N_{\theta}\}$。

三、视觉信息时空编码

经典感受野有固定的最优朝向，当图像局部边缘朝向与感野朝向相同时，经典感受野的响应最大。在实际中，图像轮廓和纹理在不同尺度上具有不一致性。生物实验表明，视觉机制并非建立在单一的感受野尺度上，感受野的适应性与多尺度特征融合有着明确的关系。所以本节使用多尺度多方向的简单细胞感受野函数来对图像进行卷积计算，并计算复杂细胞感受野响应，然后进行非经典感受野各向异性抑制，得到不同尺度感受野的提取结果。生物研究表明，感受野的尺度越大，得到的纹理信息越少；相反，感受野尺度越小，得到的纹理信息越多[29]。基于这个特点，本节以大尺度感受野得到的纹理信息为主体，以小尺度感受野得到的纹理信息为补充进行融合，减少漏检的像素点。本节根据各感受野尺度的不同，利用高斯函数求得不同尺度的权重，并与各尺度图像相乘，计算公式如下：

$$w_k = \exp\left(-\frac{(k-\mu)^2}{2r^2}\right) \quad k=1,\ \cdots,\ n \tag{3-20}$$

式中：k 为不同尺度感受野的个数，1 为尺度最大的感受野，n 为最小尺度的感受野，μ 为高斯函数的中心轴，r 为高斯函数的标准差。此处取 $\mu=0.9$，$r=1$。

将各尺度相同位置像素点编码为时间脉冲序列，如图 3-8 所示。

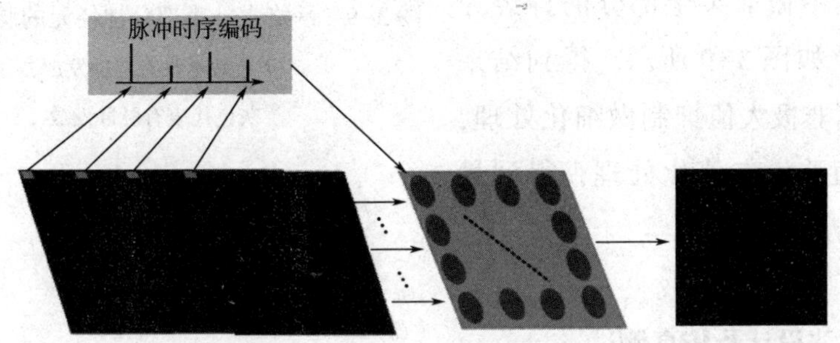

图 3-8　脉冲时序编码与神经元漏电流整合放电（LIF）神经网络

四、视觉信息传递

生物研究表明，外膝体（lateral gewiculate nucleus，简称 LGN）细胞中，视觉系统会对视觉信息作整合与去冗余处理。所以本节使用神经元漏电流整合放电（leaky integrate-and-fire，简称 LIF）来模拟视觉信息在不同视觉细胞之间的传递过程，在信息传递的过程中利用 LIF 神经元脉冲发放特性，以脉冲发放频率对视觉特征进行脉冲编码，做到信息的去冗余，同时充分体现了视觉系统中的神经电生理特性，LIF 神经元计算模型如下：

$$\begin{aligned} & c_{\mathrm{mt}} \frac{\mathrm{d}v}{\mathrm{d}t} = -g_1 + I_{\mathrm{in}} \qquad ref = 0 \\ & v = v_{\mathrm{reset}},\ ref = ref - 1 \quad ref \neq 0 \\ & v = v_{\mathrm{G}},\quad ref = \mathrm{const} \quad v > v_{\mathrm{th}} \end{aligned} \tag{3-21}$$

式（3-21）中：v，c_{mt}，g_1，v_{reset}，v_{G}，v_{th} 分别表示神经元的膜电压、膜电容、漏电导、静态电势、脉冲发放峰值以及脉冲发放阈值；I_{in} 对应上一级轮廓响应。ref

是绝对不应期，当 v 大于 v_{th} 时，神经元将会发放脉冲；当 v 到达 v_G 时，它被瞬间重置为 v_{reset}。开始进入绝对不应期，只有等到 $ref=0$，神经元才被重新激活。

建立一个与图像尺寸相同的脉冲神经网络，将图 3-8 所示的每个脉冲序列输入脉冲神经网络中，最后得到每个神经元的脉冲发放频率作为最终的结果。其中截取某个部分的神经元的脉冲发放如图 3-9 所示。得到结果以后，利用非极大值抑制做细化处理，用滞后阈值法做二值化处理，得到最终的提取结果。

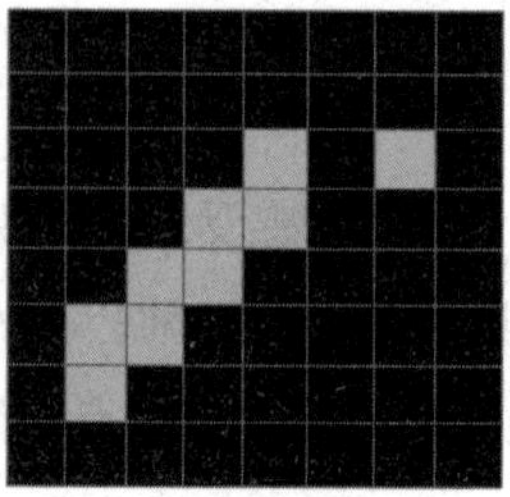

图 3-9　网络中一小部分神经元的脉冲发放图
黑色表示没有脉冲发放，
灰色代表有脉冲发放

五、算法设计及仿真测试

算法设计（图 3-10）如下：

步骤 1：使用 4 个尺度 12 个方向的二维 Gabor 函数模拟简单细胞感受野，提取出轮廓结果。

步骤 2：使用 4 个尺度 12 个方向的奇偶二维 Gabor 函数模拟复杂细胞感受野，提取结果。

步骤 3：利用非经典感受野各向异性抑制对提取出的结果做纹理抑制。

步骤 4：利用本章提到的算法对四个尺度的结果做权值处理，处理完成后编码成时间序列。

步骤 5：利用 LIF 神经元组成脉冲神经网络，将上述的脉冲编码输入网络，最后利用脉冲发放频率作为最终的结果。

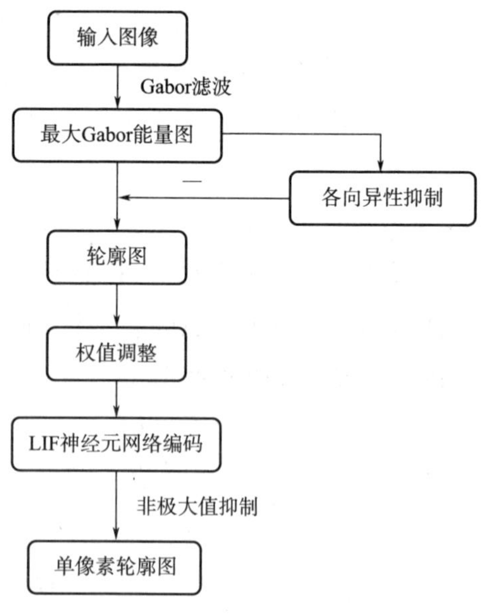

图 3-10　算法流程图

仿真实验。本节使用 RUG40 图像库的 40 幅像素为 512×512 的典型自然场景图像组合形成实验测试样本集[30]。每幅测试图像都有一张人工绘制的基准轮廓图，将这些图像设定为标准的检测结果。E_{GT} 为标准的参考轮廓图，是综合多次人工勾画的轮廓而获得的与原始图像具有最多认同度的轮廓；B_{GT} 为参考图像的非轮廓区；E_D 表示算法模型检测出来的轮廓图；B_D 表示算法模型检测出来的非轮廓区；E 为算法模型检测结果，为 E_D 和 E_{GT} 的重叠部分，即 $E=E_D\cap E_{GT}$；E_{FN} 表示漏检的轮廓像素点集合，也就是应该是轮廓却未被检测出来，即 $E_{FN}=E_{GT}\cap B_D$；E_{FP} 表示错检的轮廓像素点集合，也就是不是标准轮廓的像素点被当作轮廓检测出来，即 $E_{FP}=E_D\cap B_{GT}$。

定义准确率 P 为算法模型检测出来的正确轮廓 E 与检测出来所有的像素之比。所有的像素点包括检测出来的正确轮廓 E 的像素点、错检的轮廓 E_{FP} 的像素点和漏检的轮廓 E_{FN} 的像素点。准确率计算见式（3-22）：

$$P=\frac{\text{card}(E)}{\text{card}(E)+\text{card}(E_{FP})+\text{card}(E_{FN})} \tag{3-22}$$

式中：card（E）表示一幅图像的所有像素集合 E 的元素个数；P 值可以定量评价检测算法的有效性，P 值越高，表明模型轮廓检测效果越好，反之则越差。同时像素的错检率与漏检率也可以体现算法的效果，见式（3-23）和式（3-24）：

错检率：
$$e_{FP}=\frac{\text{card}(E_{FP})}{\text{card}(E)} \tag{3-23}$$

漏检率：
$$e_{FN}=\frac{\text{card}(E_{FN})}{\text{card}(E_{GT})} \tag{3-24}$$

主观测试结果如图 3-11 所示，测试数据来源于 TUG40 图像库中的测试图像，A，B，C，D 和 E 分别是名称为 goat_3、hyena、elephant_2、golfcart 和 buffalo，大小为 512 * 512 的测试图像。为了测试本节所述方法的有效性，采用现有的经典轮廓提取方法[30]，如 Gabor、Anisotropic 和 Isotropic 做轮廓提取性能对比。从图 3-11 可以看出，相对于其他方法，本节所述的方法可以有效抑制背景纹理，能较好地突出主体轮廓，客观测试结果见表 3-2。要节所述方法对比其他主流方法，可以较好地降低漏检率和错检率。

图 3-11　主观测试结果

第一行 A ~ E 为原始图像，第二行 A1 ~ E1 为 RUG40 数据集附带的多人描绘的标准轮廓图，第三行 A2 ~ E2 为 Gabor 能量方法在 20 组参数中得到的最优结果，第四行 A3 ~ E3 为 Anisotropic 方法在 40 组参数中得到的最优结果，第五行 A4 ~ E4 为 Isotropic 方法在 40 组参数中得到的最优结果，第六行 A5 ~ E5 为本算法在 5 组参数中得到的最优结果

表 3-2 客观评价结果

图像	轮廓提取方法	e_{FN}	e_{FP}	P
goat_3	Gabor	0. 37	1. 95	0. 27
	Anisotropic	0. 33	1. 85	0. 29
	Isotropic	0. 44	1. 63	0. 27
	Proposed	0. 46	0. 82	0. 40
hyena	Gabor	0. 2	1. 29	0. 39
	Anisotropic	0. 13	1. 17	0. 43
	Isotropic	0. 22	0. 85	0. 45
	Proposed	0. 27	0. 24	0. 66
elephant_2	Gabor	0. 39	1. 8	0. 27
	Anisotropic	0. 34	1. 78	0. 29
	Isotropic	0. 41	1. 03	0. 32
	Proposed	0. 52	0. 58	0. 40
golfcart	Gabor	0. 24	0. 70	0. 47
	Anisotropic	0. 21	0. 68	0. 49
	Isotropic	0. 30	0. 44	0. 50
	Proposed	0. 31	0. 28	0. 62
buffalo	Gabor	0. 39	1. 76	0. 28
	Anisotropic	0. 31	1. 74	0. 30
	Isotropic	0. 38	1. 04	0. 35
	Proposed	0. 41	0. 93	0. 40

注 e_{FN} 为漏检率，e_{FP} 为错检率，P 为准确率。

第四章　图像视觉感知计算

第一节　图像视觉特征及视觉注意机制

一、图像视觉特征

图像视觉特征能够有效地描述图像的主题内容，是计算机视觉研究领域的核心内容。图像视觉特征一般包括图像的颜色特征、纹理特征和形状特征等。颜色是图像视觉特征中最重要的特征，也是图像分类和目标识别中最关键的特征之一，通常情况下，颜色具有恒定性，图像的尺寸、方向均不会影响颜色特征，即同一类别下不同颜色的图像具有相似的特征，颜色特征通常采用颜色空间模型来定量描述，常用的颜色空间模型有 RGB、HSV、YUV、YIQ、HIS 以及 La^*b^* 等，可用颜色矩、颜色集、颜色直方图等方法表示颜色特征；纹理特征能够体现图像的空间分布和结构等局部细节特征，通常从图像的结构特征、图像的频谱特征以及统计信息方面描述纹理特征；形状特征体现图像中目标的区域信息，能有效地描述图像的高层特征与底层特征的关系，通常有基于边界和基于区域的图像形状描述方法，即图像边缘检测与提取、图像分割等应用场景。

从视觉神经元感知视觉特征信息的机理来看，位于视皮层 V1 和 V2 区的视觉感受野能够对条状或者物像的线条边界、方向、位置及运动信息产生反应。研究表明，视觉神经元细胞的活动与物像的具体特征相对应，如能够对物像的边缘、位置等特征信息进行分析。Hubel 等通过实验揭示了视觉皮层中存在线条、边缘等特征分析的神经元，这些作为特征分析的神经元位于不同皮层，能够对不同空间频率的视觉刺激产生差异性的反应[18]。

针对视觉特征的加工处理，早在 1980 年，Treisman 等提出了特征整合理论，认为视觉系统感觉到的外界刺激信息的整合取决于对特征的注意，并且 Treisman 等随后用大量的实验证实了这一观点[31]。视皮层的顶叶区和额叶区对视觉刺激的加工在对特征的整合中起着重要的作用。针对视觉特征绑定神经机制问题的研究，在2004年，方方课题组在Nature杂志报道了视觉颜色特征和运动错误信息的绑定现象，通过大量的脑电、核磁成像及心理学实验证实，这种视觉特征绑定神经机制能够在视觉系统中长时间诱导主动特征绑定，而规避时空重叠、遗忘或视错觉等因素，对颜色和运动信息的绑定适应能诱发颜色依赖的运动后效。通过相关实验分析可知，视觉特征绑定能够在视觉皮质中完成，同时研究表明，物体的大小错觉特征形成与视皮层V1区的神经元感受野的位置相关，物体所处的三维环境会影响其大小错觉，这一特征也同样在皮质中形成，并且皮质的反馈机制在视觉特征绑定中具有重要的作用。

二、视觉注意机制

感觉器官能够感知外界的视觉、听觉、味觉、嗅觉和触觉的刺激，然而面对众多的感官刺激，生物机体在一瞬间只能感知其中一个或者几个刺激对象，心理上只对若干个对象中的一个或几个产生集中，称为注意。成语“聚精会神”即指人类对外界各异的刺激对象聚焦在需要集中关注的信息上而产生的心理活动，利于做出抉择进而对心理活动进行有效监控。注意分为不随意注意和随意注意，前者可以由外界新异的刺激诱导，无须抑制其他外界因素的影响；后者则受特定的任务驱动，需要主动抑制一些无关因素的影响。生理学和认知学研究表明，注意机制由多种神经系统参与，且随意注意和不随意注意可以相互转换。对外界新异刺激的定向发射能诱发多种神经系统功能的变化，如对特异的光、声音、温度以及痛觉的刺激，会伴随机体肌肉的收缩、瞳孔放大等生理变化，同时伴随着情绪的变化[32]。

视觉注意是利用视觉信息进行注意选择的一种心理活动，自然界中的动物因适应生存，在进化过程中视觉系统对外界刺激信息进行选择和实时处理。在视觉注意机制的计算模型研究方面，Itti等提出了基于视觉注意的场景分类和预测模型[33]，该模型主要用于检测视觉图像的显著性特征，通过高斯采样方法获得图像颜色、亮度和方向特征，结合不同尺度的特征提取视觉显著图。生理研究表明，视觉显著图是由自下而上的外界刺激所诱导。2012年，方方课题组研究发现，朝向对比度的增强会引起注意力的增强，并且注意力的增强与视觉V1区的血氧含量相关，由此证实视觉显著图源自视觉皮层的V1处产生[34]。

视觉皮层不仅对外界刺激的视觉特征做出显著性反应，而且对信息的显著性的动态评估也做出反应。研究表明，大脑需要在不同环境的刺激下，将有限的注意力集中在最重要的事件上，对各种刺激信息快速做出决策。选择注意机制不仅能激活不同皮层的脑区神经元，也能在不同的空间进行特定目标的转移。如视觉特征在进行选择注意时可通过背侧通路与腹侧通路相结合，对视觉特征进行定向的注意加工。2018 年，斯坦福大学的陈晓科团队研究了丘脑室旁核在神经元信息编码中的显著作用，拓展了显著性在认知和学习方面的探索，并揭示了室旁核在信息显著性抉择中的重要作用[26]。

第二节　基于注意力机制的卷积神经网络

受以上大脑视觉机制启发，本章设计了一种基于注意力机制的卷积脉冲神经网络模型（attention mechanism-based convolutional spiking neural network，简称 AMCSNN）（图 4-1）。该网络结构将受视觉系统分级信息处理启发的卷积结构和以脉冲序列表示视觉信息和传递的脉冲网络结构相结合，尝试更真实地模拟大脑视觉系统对信息的表示、传递与处理过程。融合了特征提取能力强的卷积结构与提供稀疏且强大计算能力的脉冲网络结构，完成了对神经信息分级处理机制和脉冲序列信息表示与传递的模拟，同时为了保证网络的识别准确率，引入了视觉注意力机制。轻量级的注意力机制模块的引入不仅提升了网络的准确率，而且降低了网络的训练时长。

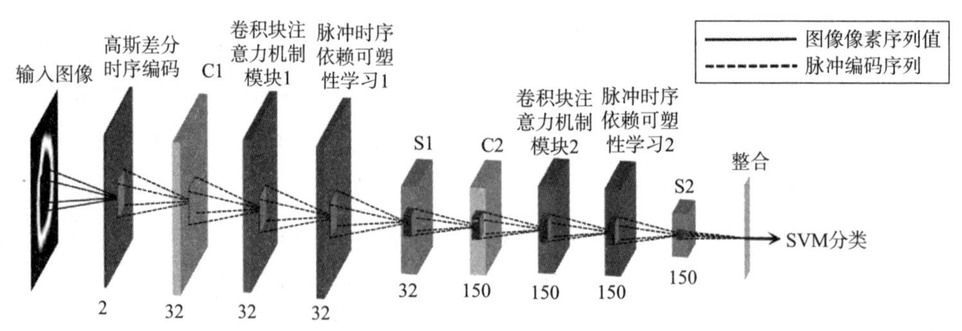

图 4-1　AMCSNN 的网络架构

如图 4-1 所示，为本章设计的 AMCSNN 网络架构图。该网络输入的均为视觉图像，并基于单尺度高斯差分（difference of Gaussians，简称 DOG）滤波器模拟视网膜神经节细胞处理视觉信息与脉冲时序编码。采用分级信息处理的卷积层进行特征提取，网络中信息的表示与传递均为脉冲时间序列，卷积层之后的注意力模块从通道与空间两个维度实现卷积层的特征输出，提取更高维度的特征。网络在卷积层与注意力模块上通过无监督的脉冲时序依赖可塑性（spiking timing dependent plasticity，简称 STDP）进行网络权重的学习[36]。卷积层的学习采用漏积分点火模型模拟神经元脉冲发放机制，卷积层的神经元根据输入突触权重检测到更偏爱的视觉特征后就会被激活，最先被激活的神经元会抑制周围神经元的放电，以此来学习到更显著的特征。池化层采用最大池化操作对来自于卷积层的数据进行特征压缩以减少参数的数量与提高网络计算能力。通过逐层的特征提取与整合，输入监督的支持向量机模型来完成对图像的预测判定。

正如上节所介绍的，网络的设计受视觉系统的分级信息处理与信息表示和传递采用脉冲序列的形式的启发，在对现有卷积结构的改进之后，更方便处理脉冲时间序列数据。此外，由于二进制脉冲序列的稀疏性，提升了网络的计算效率。同样由于基于脉冲时序的信息不具有可微分性，无法进行反向传播与梯度计算，网络使用了来自于生物突触机制的无监督的脉冲时间依赖可塑性学习规则来完成权重的学习与更新。同时由于无监督的聚类特性，采用经典的支持向量机来完成网络的输出。引入轻量级的注意力模块是为了提高网络的预测结果。

一、混合卷积脉冲神经网络

目前的卷积神经网络（convolutional neural network，简称 CNN）与脉冲神经网络（spiking neural network，简称 SNN）网络结构的结合一般思路是采用经典的网络学习算法来训练学习 CNN 网络，然后通过基于脉冲频率编码的单元将训练好的网络权重直接迁移应用于同架构的 SNN 网络，从而实现 CNN 的 SNN 混合网络架构的设计。本章从视觉系统的分级信息处理与信息表示和传递采用脉冲序列的形式出发，对原有的卷积结构进行修改，采用阈值发放型的漏积分点火神经元进行特征的学习，最先达到阈值电位产生脉冲信号的神经元会抑制其周围神经元的放电来提取特征。混合的卷积脉冲神经网络采用脉冲序列来表示和传递信息，只有卷积层的神经元会被激活发放脉冲，学习特征。池化层的神经元保持静息电位状态并不会被激活，仅保留卷积层发放脉冲的神经元信号，采用最大池化操作来将卷积层的数据进行特征压缩以减少参数的数量，保证边缘特征的不变性，从而提高计算能力。

卷积层的神经元根据其连接的突触权重对视觉特征进行选择，采用权值共享的方式减少神经元之间的连接。通过对输入脉冲信号的多维分层卷积，突触后神经元可以有效提取到对应突触前神经元特征图的视觉特征组合。对于第 L 层的神经元 i，其在某一时刻 t 的突触后膜电位由其在 $t-1$ 时刻的膜电位和其输入脉冲的累积值共同决定，神经元 i 的突触后膜电位的表达式如下：

$$V_L^i(t) = V_L^i(t-1) + \sum_j W_{ij} S_j(t-1) \tag{4-1}$$

式（4-1）中：$V_L^i(t)$ 表示第 L 个卷积层的第 i 个神经元在 t 时刻的突触后膜电位，W_{ij} 表示前后突触神经元 j 与 i 之间的连接权重，$S_j(t-1)$ 为前突触神经元 j 在 $t-1$ 时刻的输入脉冲，其表达式如下所示：

$$S_i(t) = \begin{cases} 1, & V_L^i(t) \geqslant V_{\text{th}} \\ 0, & V_L^i(t) < V_{\text{th}} \end{cases} \tag{4-2}$$

式（4-2）中：当 $V_L^i(t)$ 达到 V_{th} 时，神经元兴奋并发放脉冲，对应的 $S_i(t)$ 为 1；反之，神经元保持静息状态，对应的 $S_i(t)$ 为 0。

池化层采用最大池化操作对卷积层的数据进行特征压缩以减少信息的冗余，从而提升网络的计算能力。池化层的神经元保持静息电位状态并不会被激活，仅保留卷积层神经元发放的脉冲信号，池化层的最大池化操作如下式所示：

$$S_k(t) = \begin{cases} 1, & S_i(t-1) = 1 \\ 0, & S_i(t-1) = 0 \end{cases} \tag{4-3}$$

式（4-3）中：当池化层的神经元 k 对应的卷积层的突触后神经元 i 在上一时刻发放了脉冲，则神经元 k 对应的脉冲值为 1；反之，神经元 k 对应的脉冲值为 0。

二、基于 STDP 规则的网络学习

本章的 AMCSNN 采用无监督的 STDP 规则来对卷积层的突触连接权重进行学习更新，学习是逐层完成的。网络的初始突触连接权重由具有小方差、高均值的正态分布随机产生，每张图像的输入，所有神经元的膜电位均恢复至初始状态，直至卷积层中某一神经元的膜电位累积达到阈值电位时产生脉冲，当卷积层神经元的脉冲发放数达到一定数值时，触发学习规则，根据突触前后神经元的脉冲发放顺序不断更新迭代所有神经元的学习率和突触连接权重，得到最先发放脉冲的神经元。根据突触可塑性原理的 STDP 规则[27]，在网络学习中，如果前突触神经元先于后突触神

经元受刺激，则会导致突触的长时程增强，即两个神经元突触之间的连接权重将增大；否则，会导致突触的长时程抑制，即两个神经元突触之间的连接权重将减小。本节采用的具体 STDP 规则如下式所示：

$$\Delta W_{ij}=\begin{cases}a^{+}(W_{ij}-W_{\mathrm{LB}})(W_{\mathrm{UP}}-W_{ij}),t_j-t_i\leqslant 0\\ a^{-}(W_{ij}-W_{\mathrm{LB}})(W_{\mathrm{UP}}-W_{ij}),t_j-t_i>0\end{cases}\tag{4-4}$$

式中：j 和 i 分别表示前突触神经元和后突触神经元，t_i 和 t_j 对应其脉冲发放时间，W_{ij} 表示连接两个神经元的突触权重变化量，a^+ 与 a^- 表示突触权重缩放变化的大小，即学习率，乘法项 $(W_{ij}-W_{\mathrm{LB}})(W_{\mathrm{UP}}-W_{ij})$ 是一个稳定项，当突触权重接近于较低的权重下限 W_{LB} 和较高的权重上限 W_{UP} 时，它会减慢权重变化的速度。

三、注意力机制模块

近年来，注意力机制在计算机视觉任务中成为一个焦点，通过在模型中引入注意力机制，网络可以在学习过程中关注更多重要的视觉特征信息而忽略与任务无关的次要信息，从而有效地提升网络性能。在具体的计算机视觉任务中，可以有不同形式的注意力机制的实现和应用。如将注意力机制引入残差网络中的 RANet 网络[37]，应用通道注意力机制的 SENet 网络[38]，通过在通道上分配注意力权重系数，来选择任务所关注对象的关键信息并取得了不错的准确率。而本章所引入的轻量注意力模块（convolutional block aeeeution model，简称 CBAM）注意力机制模块[39]，通过从通道和空间两个维度出发，同时提取了通道和空间注意力，相对于 SENet 只提取通道上的注意信息，在未明显增加计算量的同时有效提升了网络的学习能力，是一种高效的轻量级的注意力机制模块。

图 4-2 展示了 CBAM 注意力机制模块的计算过程。对于输入的特征图 F，首先在通道维度上提取特征注意力，将提取的通道注意力 M_C 与 F 卷积后输入空间注意力模块。之后在空间维度上提取特征注意力，将提取的空间注意力 M_S 与 F′卷积得到 CBAM 的输出特征图。

图 4-2 所示的 CBAM 注意力机制模块在输入特征图为 F 的情况下计算如下式所示：

$$F'=M_C(F)*F\tag{4-5}$$

$$F''=M_S(F')*F'\tag{4-6}$$

式中：M_C 表示在一维通道上的注意力提取操作，M_S 表示在二维空间上的注意力提

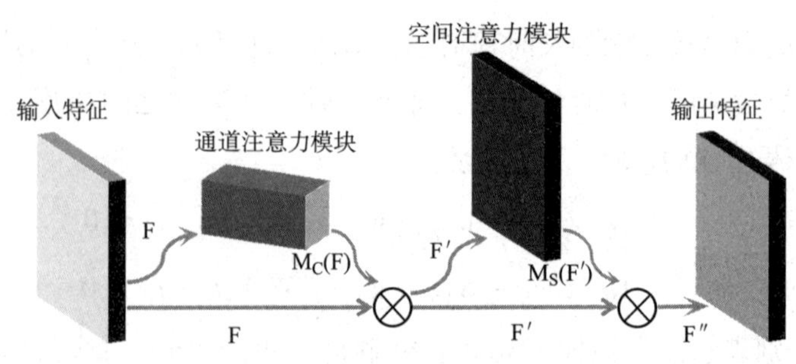

图 4-2　CBAM 模块的计算过程[30]

取操作，$*$ 表示卷积操作，F′表示通道注意力的输出，F″表示 CBAM 的注意输出特征图。

通道注意力模块与空间注意力模块的具体计算如下式所示：

$$M_C(F)=\sigma(MLP(MaxPool(F))+MLP(AvgPool(F))) \tag{4-7}$$

$$M_S(F')=\sigma(f^{7\times7}([MaxPool(F'),AvgPool(F')])) \tag{4-8}$$

式中：σ 表示激励方法，AvgPool 和 MaxPool 分别表示对输入特征图执行平均操作与最大池化操作，MLP 为多层感知器，$f^{7\times7}$ 表示采用了 7×7 的卷积核。

CBAM 注意力机制模块通过同时在通道与空间上提取特征注意力，使得网络更聚焦于识别物体自身，可以显著提升模型的识别性能且具有更合理的可解释性。

四、基于 SVM 的 SNN 分类

SNN 的输入层主要是将图像信息编码为脉冲时序信息，并将其输入中间层。中间层可以有多层，主要是根据输入的脉冲信息不断累积，当达到阈值电位时，激活神经元，发放脉冲信号，并采用学习规则对权重更新，最后的输出层主要是根据网络中间层学习到的特征进行判断做出决策结果并输出。

本节的 AMCSNN 网络将最后一个全局池化层的输出特征用来训练 SVM 分类器。因最后一个全局池化层的神经元对最后一个卷积层的对应神经元特征图执行全局最大池化操作，全局池化层的神经元计算对应卷积层神经元特征图上的最大电位，将其作为输出值，这保证了每个特征的输出值只有一个，表示该特征存在于输入图像中。此外，为了提高网络计算效率，采用了实现简单且速度快的线性 SVM 核函数。为了实现多分类，将多类问题转化为二类来完成，即 K 个分类就可以训练得到 K 个 SVM 二类分类器。针对第 i 个二类分类器，将第 i 个类标记为正类，其余不是类别 i

的类别标记为负类。在分类时，通过计算得到 K 个决策函数值来选择具有最大决策函数值的类别作为样本的输出类别。

图 4-3 所示为对于四分类任务的 SVM 的分类示意图，在四分类任务中，针对每一个类别，将该类数据集标记为正类，而其余 3 个类别数据集标记为负类，从而可以训练得到 4 个 SVM 二类分类器，进而得到 4 个决策函数值。如图 4-4 中 d1 到 d4 为训练得到的 4 个 SVM 二类分类器的决策边界，4 种颜色的点代表 4 个类别，如果 4 个 SVM 二类分类器的输出结果中，只有类别 1 的二类分类器输出为正值则表示分类结果为类别 1，否则将选择具有最大决策函数值的类别作为样本的输出类别。

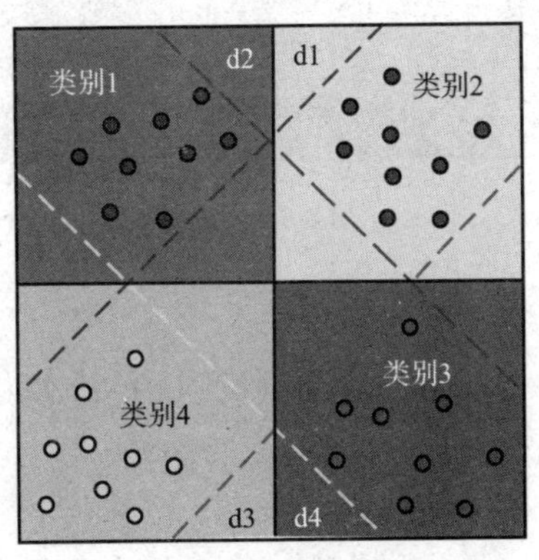

图 4-3　SVM 四分类示意图

五、实验结果及分析

本节主要是在基准数据集上对所提出的 AMCSNN 网络与同架构的 CNN 和 CSNN 从网络的识别准确率和训练耗时两个方面来进行实验对比分析，验证所提出的 AMCSNN 网络的有效性。

1. 实验平台及数据集

实验平台的软硬件信息如下：主频 2. 20GHZ 的 4 核 CPU，32GB 的 RAM，显存 16GB，GPU 为英伟达 GeForce Titan Xp，64 位 Ubuntu Linux 16. 04 的操作系统，Anaconda3. 6，CUDA10. 0，Python3. 6. 5，Pytorch1. 2。本节在 MNIST 数据集、Caltech（FACE/MOTORBIKE）数据集以及面向图像集的 ETH-80 数据集上对 AMCSNN 进行了实验分析。MNIST 数据集是验证 SNN 网络有效性的首选数据集。本章选取了 Caltech101 数据集中的人脸与摩托车 2 类物体进行实验，组成 Caltech（FACE/MOTORBIKE）数据集，并针对数据集图像大小不一的问题，统一数据集图片大小为 160×250。ETH-80 数据集的样本是由某一物体在不同光照、遮挡、视角等情况下的图像集所组成的数据集，含有 8 类不同物体，包括苹果、汽车、杯子等物体，其中每类有 10 个图像集，每个类别图像集中含 41 张图片。图 4-4 展示了随机选择的实验数据集的部分图片。

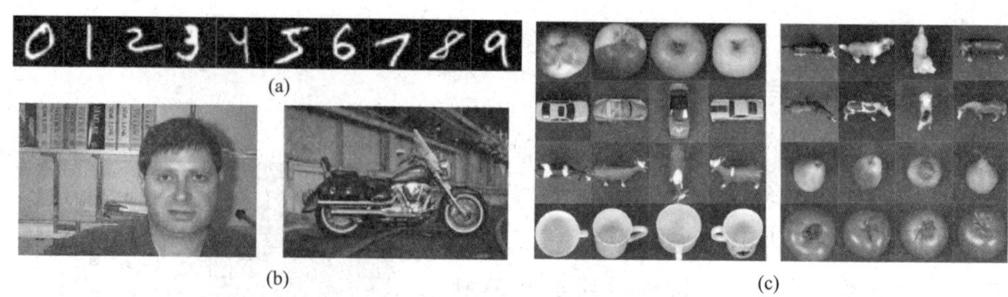

图 4-4 实验所用数据集的部分图片

图 4-5（a）（b）（c）依次为 MNIST、Caltech（FACE/MOTORBIKE）以及 ETH-80 数据集的部分实验图片。

2. 参数设置

本章提出的网络模型采用分层训练的方法，在整个网络的训练中，只有卷积层需要通过学习来更新权重，特征提取与分类是完全分离的，网络的详细参数见表 4-1。实验中对每个卷积层均做了 500 次的权重更新。

表 4-1 网络参数设置

网络层	核大小	输出通道	步长	阈值电位	学习率（a+，a-）
卷积层 1	5×5	32	1	10	（0.004，-0.003）
CBAM1	1×1	16	1	—	—
	1×1	32	1		
	7×7	32	1		
池化层 1	2×2	32	2	0	—
卷积层 2	2×2	150	1	1	（0.004，-0.003）
CBAM2	1×1	10	1	—	—
	1×1	150	1		
	7×7	150	1		
池化层 2	2×2	150	2	—	—
SVM 分类层	—	10/2/8	—	—	—

表 4-1 中，因 STDP 为网络的学习规则，而网络学习主要发生在卷积层，故其参数学习率在卷积层给出。脉冲发放的总时间步长为 15，MNIST 数据集为 10 类，Caltech（FACE/MOTORBIKE）数据集为 2 类，ETH-80 数据集为 8 类，故 SVM 的

输出为 10/2/8，—表示无此项参数，SVM 的惩罚参数为 2.4。

3. 实验结果分析

（1）识别准确率分析。因为 SNN 尚未有高效的学习算法，其在图像识别任务中的准确率较差。但本章所提的 AMCSNN，融合了卷积与脉冲网络，同时，引入了轻量级的注意力机制，提升了网络的识别准确率，通过实验，得到了堪比 CNN 的识别效果。本章提出的 AMCSNN，通过与同架构的 CNN 和卷积脉冲神经网络 CSNN 在三个不同图像数据集上的识别准确率对比如图 4-5 所示。

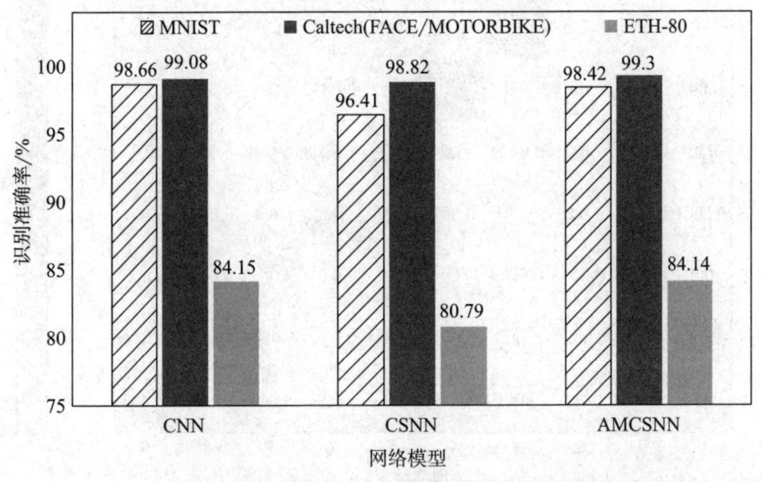

图 4-5　三个网络模型在三个图像数据集上的识别准确率

从图 4-5 可以看到，本章提出的 AMCSNN 在三个图像数据集上的表现均实现了良好的识别效果，在三个数据集上 AMCSNN 网络的识别准确率分别达到了 98.42%、99.3%和 84.14%。可以看到，CSNN 相比于出色的 CNN 网络，模型的识别准确率显著降低，为了解决该问题，引入了注意力机制，网络识别准确率明显提高，AMCSNN 与 CSNN 相比，在三个数据集上的识别准确率分别提升了 2.01%、0.48%和 3.35%。AMCSNN 与同架构的 CNN 网络在三个数据集上的识别准确率仅相差 0.24%、0.22%和 0.01%，识别效果堪比 CNN。从数据集的复杂程度来看，在复杂的 ETH-80 数据集上网络的识别准确率提升最高，这也说明了数据集越复杂，网络模型的识别准确率提升越明显，而对于简单数据集，网络很容易达到拟合，取得较好的识别效果。

此外，图 4-6 可视化了 AMCSNN 在 MNIST 数据集上的混淆矩阵。可以看到，

AMCSNN 除了对类别“3”和“8”的识别类准确率在 97%以外，其他 8 种类别的识别准确率均在 98%以上，特别是对类别“1”和“4”以及“6”的识别准确率均达到了 99%以上，这充分表明了 AMCSNN 网络具有良好的识别效果。

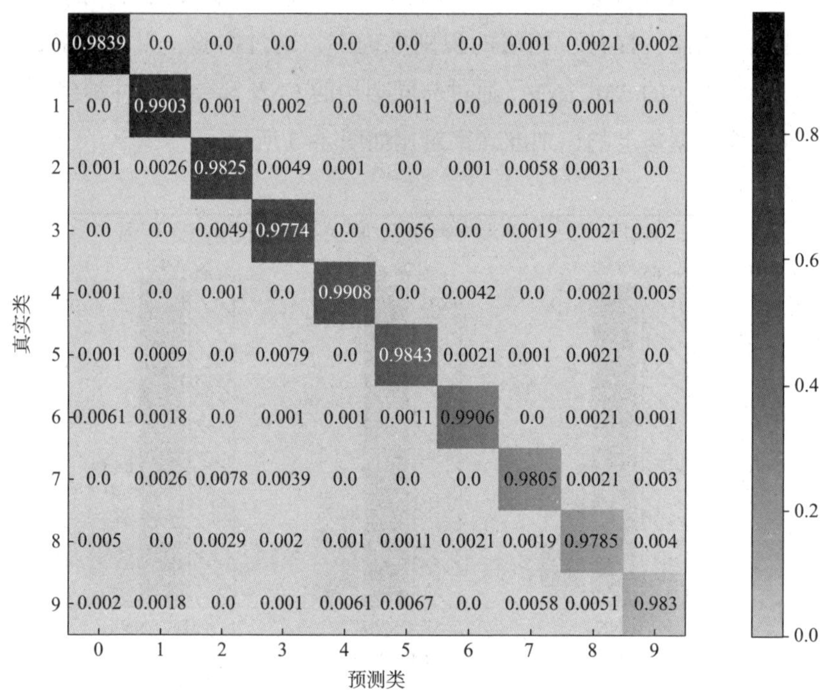

图 4-6 AMCSNN 在 MNIST 数据集上的混淆矩阵

图 4-7 展示了 AMCSNN 和 CSNN 在 Caltech（FACE/MOTORBIKE）数据集上的 ROC 曲线。根据 ROC 曲线特性，从图 4-7 可以看到，加入注意力机制的 AMCSNN 的网络识别效果要优于未加的 CSNN。这也再次说明了引入的注意力机制，对网络模型识别准确率的提升具有一定的贡献。

（2）网络训练耗时分析。SNN 与 CNN 等传统人工神经网络相比，其优势在于基于脉冲的稀疏事件，网络中的脉冲神经元只有收到来自突触前神经元的脉冲时，才会进行计算，这与基于模拟值的传统网络相比，计算量更少，网络计算得更快。因此，除了从网络的识别准确率来分析之外，本章还从网络的训练耗时来对网络的计算性能进行实验与分析。一般来说，网络模型的计算效率越高，训练耗时就越少。图 4-8 对三个数据集上的三个网络模型的训练耗时进行了对比。

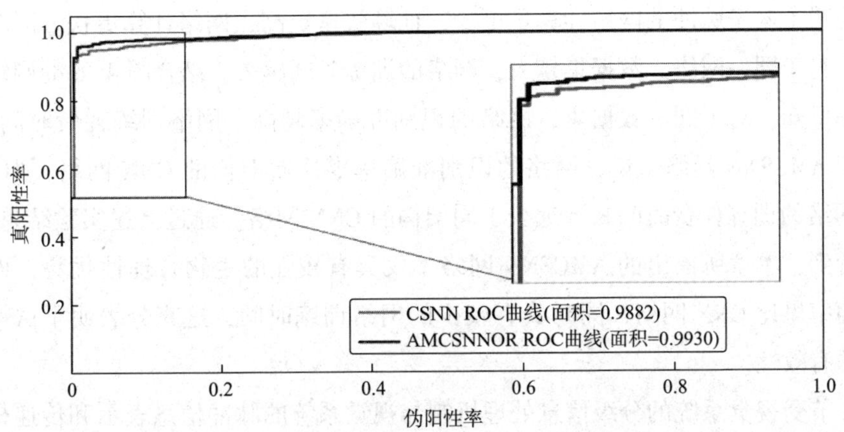

图4-7　AMCSNN与CSNN在Caltech（FACE/MOTORBIKE）上的ROC曲线

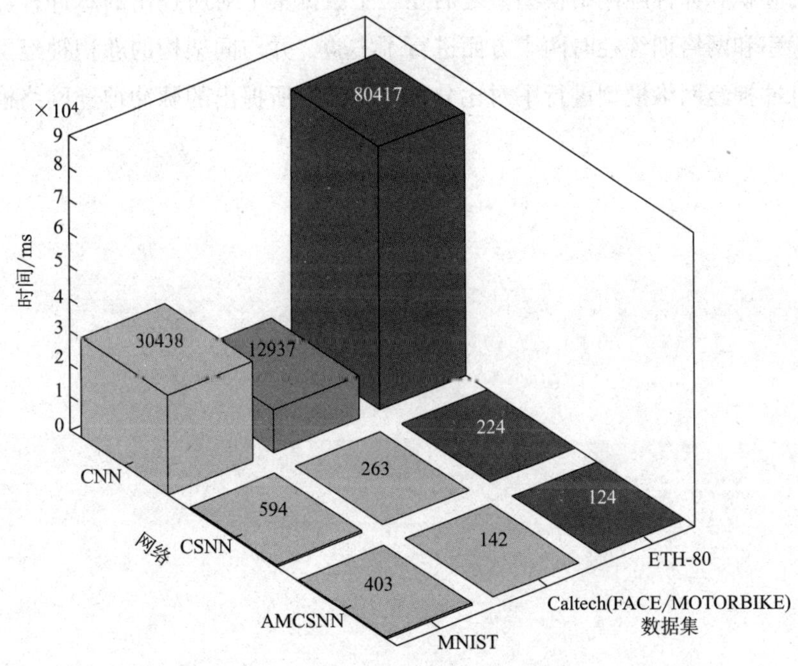

图4-8　三个网络模型在三个图像数据集上的训练时长

从图4-8可以看到，本节提出的AMCSNN网络在三个图像数据集上的训练耗时均最少，取得了较好的效果。对于三个数据集，从CNN到CSNN再到AMCSNN，网络的训练时间在逐渐减少，特别是从CNN到CSNN，网络的训练时间显著减少，这也说明了基于脉冲的网络计算量更少，计算效率更高，网络计算更快。同时可以看到，对于同一网络，数据集越大，网络的训练时间越久。结合图 4-6 的网络识别准确率可知，对于同一数据集，网络的识别准确率越高，网络训练耗费时间越长。而对于 AMCSNN 网络来说，网络的识别准确率堪比同架构的 CNN 网络，但 AMCSNN 网络的训练耗费时间却远远少于同架构的 CNN 网络。通过上述实验结果对比，可以看到，本章所提出的 AMCSNN 网络不仅具有较强的生物合理性优势，而且识别准确率堪比 CNN 网络，同时具有较少的网络训练时间，这充分表明了 AMCSNN 网络的有效性。

本节受视觉系统的分级信息处理机制与视觉系统的脉冲信息表示和传递机制的启发，结合了卷积神经网络与脉冲神经网络的优势，设计并实现了混合卷积脉冲神经网络，并针对网络模型识别准确率低的问题，加入注意力机制，提出了基于注意力机制的卷积脉冲神经网络模型。之后在三个数据集上对所提出的脉冲神经网络从识别准确率和网络训练耗时两个方面进行了实验，并与同架构的卷积神经网络和混合卷积脉冲神经网络模型进行了对比分析，验证了所提出的脉冲神经网络模型的有效性。

第五章　噪声降质图像复原

第一节　图像噪声

人们通过各类成像设备获取客观世界中物体，一个三维应用场景通过光学系统投射到 CCD 或 CMOS 等图像传感器，携带被摄物体信息的光线转变为电信号，该图像的电信号模拟信息再经 A/D 设备转换为数字信息，由数字化存储/传输/显示设备呈现，从而获得一幅二维图像[40]。由于图像捕获过程中存在各种确定或不确定的因素，实际获取图像会因噪声干扰或光学模糊降质导致图像退化，如图 5-1 所示。

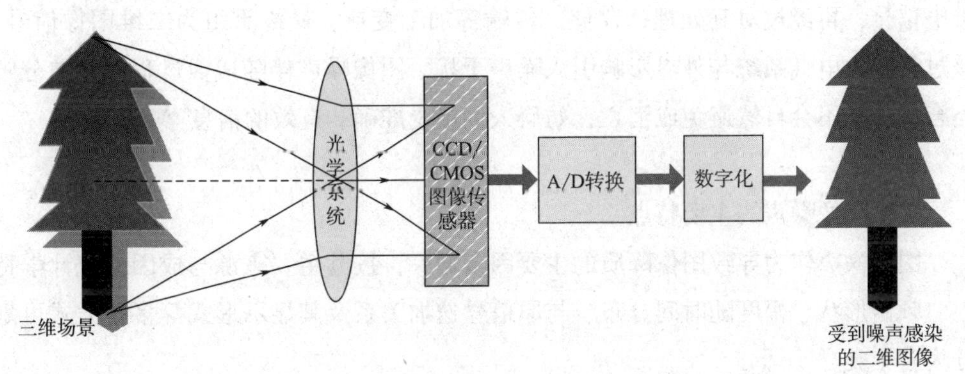

图 5-1　图像降质成因及其成像过程

根据绪论中所归纳的图像降质主要因素，分析并构建各类图像降质模型（注：假设成像固件无缺陷，不会因此引发图像降质现象），包括噪声干扰图像降质模型、运动模糊图像降质模型、大气湍流模糊图像降质模型及散焦模糊图像降质模型。图像降质模型（图 5-2）的一般表达形式[41-42]可表示为：

$$g(x,y) = I(x,y) * H(x,y) + n(x,y) \tag{5-1}$$

式中：$I(x, y)$ 表示客观世界中物体的原始图像（注：研究范围限定为二维图像），记录原始图像在各坐标点处的像素值，(x, y) 用于标记二维图像中各像素点的坐标位置；*表示卷积运算；$H(x, y)$ 为系统函数，表示图像获取过程中可能由系统映射与转换引入的光学模糊图像降质因素；$n(x, y)$ 表示图像获取过程中不可避免的噪声干扰图像降质因素；$g(x, y)$ 表示系统最终捕获的图像（即降质图像）。

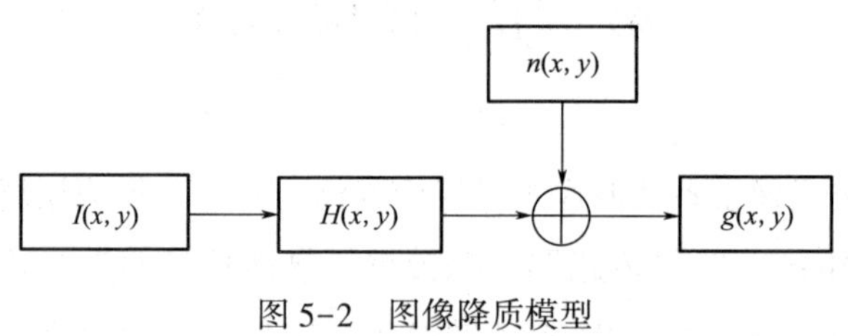

图 5-2　图像降质模型

一、图像噪声的成因

成像设备获取图像时，输入光学图像以先冻结再扫描的方式将二维图像变为一维电信号，再经过对其处理、存储、传输等加工变换，最终重组为二维图像信号。该过程中由电气系统与外界影响引入噪声干扰，图像噪声伴随成像过程同步被分解与合成，且不会自然避免或消亡，妨碍人们接受准确、有效的信息[43]。

二、图像噪声的主要特点

图像噪声作为导致图像降质的主要因素之一，按其主要来源与成因、统计学特性、频谱形状、幅度随时间分布、与原信号迭加关系及其显示形式等多种方式可划分为若干类[44]。

图像噪声表现为以下主要特点[45]：

（1）随机性。即图像噪声可能在光电转化、A/D 转换、数字化存储/传输/显示阶段随机引入，并伴随感染图像同步分解、合成。

（2）相关性。即部分摄像信号幅度与噪声幅度相关，且噪声量化与图像相位关联。

（3）迭加性。即图像在获取过程中若被同类噪声感染，噪声功率相加且图像信噪比下降；若被不同噪声感染，噪声需区别看待且要考虑视觉滞留、闪烁、色彩等检出特性的影响。

三、图像噪声的数学模型

由于图像噪声具有随机性、相关性与迭加性，其模型通常采用概率统计方法来量度，使用概率密度函数（probability density function，PDF）来描述。因为在实际应用环境中噪声的概率密度分布函数难以测定，所以通常用期望、方差等拟合函数来表达。常见图像噪声的数学模型[47-49] 见表 5-1。

表 5-1　图像噪声的数学模型

噪声类型	概率密度函数	概率密度函数曲线
高斯噪声	$p(z)=\frac{1}{\sqrt{2\pi}\sigma}\exp[(-(2-\mu)^2/2\sigma^2)]$ z 表示图像的灰度值，μ 表示期望值，σ 表示 z 的均方差，z 服从上式分布时，其值有 70% 落在 $[(\mu-\sigma),(\mu+\sigma)]$ 范围内，且有 90% 落在 $[(\mu-2\sigma),(\mu+2\sigma)]$ 范围内	$p(z)$ $\frac{1}{\sqrt{2\pi}\sigma}$ $\frac{0.607}{\sqrt{2\pi}\sigma}$ $\mu-\sigma\ \mu\ \mu+\sigma$ z
瑞利噪声	$p(z)=\begin{cases}\frac{2}{b}(z-a)\exp[-(z-a)^{2/b}] & z\geqslant a\\ 0 & z<a\end{cases}$ z 的均值和方差为：$\begin{cases}\mu=a+\sqrt{\pi b/4}\\ \sigma^2=b(4-\pi)/4\end{cases}$	$p(z)$ $0.607\sqrt{\frac{2}{b}}$ a　$a+\sqrt{b/2}$ z
伽马噪声	$p(z)=\begin{cases}\frac{a^b z^{b-1}}{(b-1)!}e^{-ax} & z\geqslant 0\\ 0 & z<0\end{cases}$ 其中 $a>0$，b 为正整数，z 的均值和方差为： $\begin{cases}\mu=b/a\\ \sigma^2=b/a^2\end{cases}$	$p(z)$ K $K=\frac{a(b-1)^b}{(b-1)!}e^{-(b-1)}$ $(b-1)/a$ z

续表

噪声类型	概率密度函数	概率密度函数曲线
指数分布噪声	$p(z)=\begin{cases} az^{-az} & z\geqslant 0 \\ 0 & z<0 \end{cases}$ 其中 $a>0$, z 的均值和方差为：$\begin{cases} \mu=1/a \\ \sigma^2=1/a^2 \end{cases}$	p(z) a z
均匀噪声分布	$p(z)=\begin{cases} \dfrac{1}{b-a} & a\leqslant z\leqslant b \\ 0 & 其他 \end{cases}$ z 的均值和方差为：$\begin{cases} \mu=1/a \\ \sigma^2=1/a^2 \end{cases}$	p(z) 1/(b−a) a b z
脉冲噪声	$p(z)=\begin{cases} P_a & z=a \\ P_b & z=b \\ 0 & 其他 \end{cases}$ 如果 $b>a$，灰度值 b 在图像中显示为一个亮点，相反，a 的值将显示为一个暗点。若 P_a 或 P_b 为零，则脉冲噪声称为单极脉冲。若 P_a 和 P_b 均不为零，当它们近似相等时，脉冲噪声值将类似于随机分布在图像上的胡椒和盐粉微粒	p(z) P_b P_a a b z

第二节　Chebyshev 与 Radon 变换

本节将详述一种去除噪声干扰的降质图像复原方法，引入多种图像噪声干扰模型并提出该类图像降质问题，介绍 Chebyshev 理论、Radon 变换等解决该类问题的相关数学背景知识，构建噪声降质图像复原模型并设计噪声降质图像复原算法，仿真该模型及算法并通过比对实验评价该降质图像复原方法的功效与性能。

一、Chebyshev 理论

在统计学中，可通过大量统计数据体现事物的实际运动规律与特征，且统计数据的均值和标准差通常是可以计算得到的，而大量研究已经证实数据在某一等间隔区间内出现的概率是接近均值的[50]。Chebyshev 通过对大量数据的观测与统计，提出在任意一个数据集中至少有 $1-k^{-2}$ 的数据在 k 倍标准差的区间。即任意一随机变量 X 在 k 倍标准差 σ 的范围出现的概率为 $1-k^{-2}$，则：

$$P(\mu - k\sigma < X < \mu + k\sigma) \geqslant 1 - k^{-2} \tag{5-2}$$

式中：μ 为数据集的均值；该数据区间可由式（5-3）表示：

$$D = [\mu - k\sigma, \mu + k\sigma] \tag{5-3}$$

二、Radon 变换

Radon 变换最早由数学家 J. Radon 提出。由于 Radon 变换能够较好地提取图像的纹理方向信息，因此其被广泛应用于图像处理领域的各研究方向，如图像检索、纹理检测、运动模糊长度检测以及人工智能等[51]。Radon 变换即在指定方向上计算图像的投影，对于二维图像的 Radon 变换是在投影平面内的一组一维直线的积分，该投影平面也称 Radon 域（radon domain，简称 RD）。由下式定义 Radon 变换：

$$\mathrm{R}\{f(x,y)\} = G_\theta(p) = \int_{-\infty}^{+\infty} f(p\cos\theta - q\sin\theta, p\sin\theta + q\cos\theta)\,\mathrm{d}q \tag{5-4}$$

式中：$f(x, y)$ 表示二维图像；$G_\theta(p)$ 在 θ 方向上是周期对称的，且其周期为 2π；依据投影方向，$p-q$ 坐标系与 $x-y$ 坐标系存在 θ 夹角，其中 p 与 q 可表示为：

$$\begin{cases} p = x\cos\theta + y\sin\theta \\ q = y\cos\theta - x\sin\theta \end{cases} \tag{5-5}$$

则 x 与 y 可由式（5-6）推导：

$$\begin{cases} x = p\cos\theta - q\sin\theta \\ y = p\sin\theta + q\cos\theta \end{cases} \tag{5-6}$$

图 5-3 表示二维函数 $f(x, y)$ 的 Radon 变换[52]，该二维函数可在 Radon 域投影为一组一维直线积分。

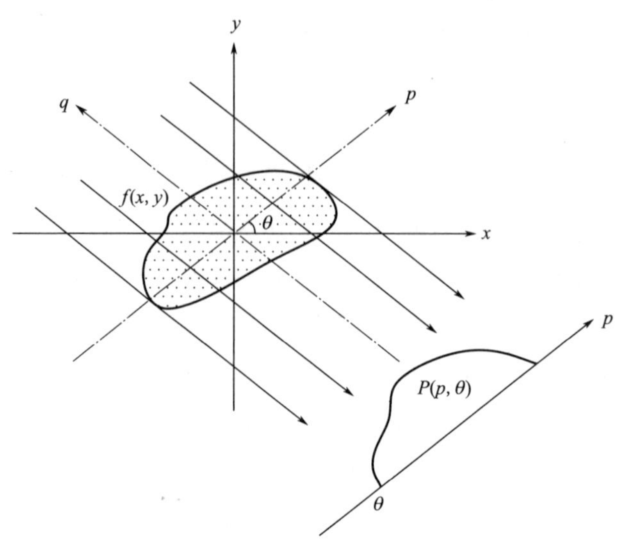

图 5-3 二维 Radon 变换的直线积分投影表示

第三节 基于 Radon 变换的图像主纹理分析

Radon 变换能够较好地检测图像中的直线，即一幅图像沿某一 θ 方向做 Radon 变换，其在 Radon 域可得到该图像的投影[51]，该变换已被证明对于图像的几何畸变与噪声干扰具有较好的鲁棒性[52]。本节的研究利用 Radon 变换估计图像主纹理方向的概率密度以便获得图像的方向信息。计算图像沿 θ 方向的变化量 σ_θ：

$$\sigma_\theta = \frac{\sum_\gamma \sqrt{(p(r,\theta) - \mu_\theta)^2}}{N_\gamma} \tag{5-7}$$

式（5-7）中：N_γ 为 Radon 变换后图像沿 θ 方向的累积和；μ_θ 为 $p(r,\ \theta)$ 的均值，即：

$$\mu_\theta = \frac{\sum_\gamma \sqrt{p(r,\theta)}}{N_\gamma} \tag{5-8}$$

则沿 θ 方向的图像主纹理的概率密度为：

$$p(\theta) = \frac{\sigma_\theta}{\sum_\theta \sigma_\theta} \tag{5-9}$$

图 5-4 给出了 Lena 图像（像素为 256×256 的灰度图像）经过 Radon 变换在主纹理方向的概率密度分布图，图中横坐标为 Radon 变换的角度 $\theta \in [0°, 180°]$，纵坐标为图像沿 θ 角 Radon 变换在图像主纹理方向的概率密度。其中，（a）为原 Lena 图像的 Radon 变换图；（b）为加入 20%脉冲噪声（椒盐噪声）的 Lena 图像的 Radon 变换图；（c）为加入均值 0.2、方差 0.5 高斯噪声的 Lena 图像的 Radon 变换图；（d）为加入均值 0.2、方差 0.5 的高斯噪声与 20%脉冲噪声（椒盐噪声）的 Lena 图像的 Radon 变换图。从图 5-4 中小方格所标记出的横、纵坐标可见，噪声干扰对 Radon 变换后图像的主纹理几乎没有影响。

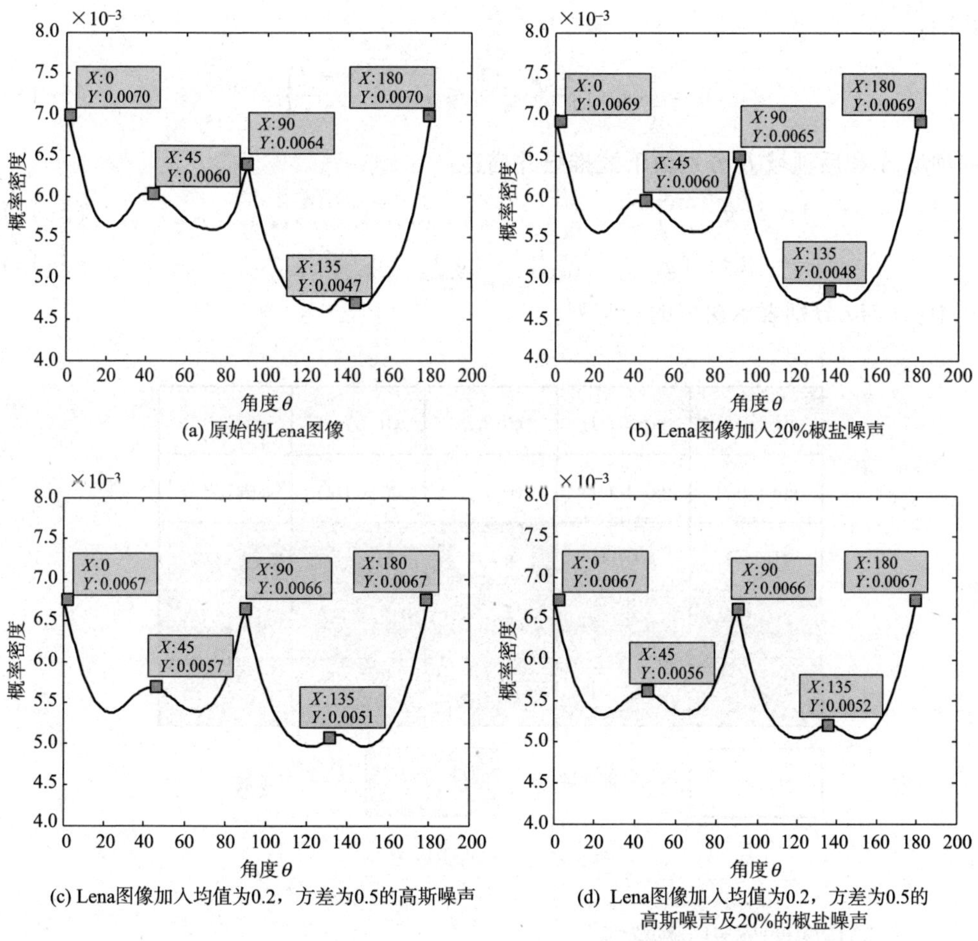

图 5-4　Lena 图像经 Radon 变换后在主纹理方向的概率密度

第四节　图像去噪

根据前面叙述的 Chebyshev 理论和 Radon 变换，建立噪声降质图像复原模型，包括降质图像噪声检测模型和噪声去除模型。为了提高降质图像复原效率，采用的滤波窗口大小为 **w×w**，其中心像素点记为 $g(i, j)$，并可将窗口划分为 A 与 B 两个域：A 为前项域；B 为后项域（图 5-5）。该窗口中所有像素集可表示为：

$$Q = \{g_{i+s,j+t} \mid (s,t) \in W\} \tag{5-10}$$

式中：

$$W = \left\{(s,t) \mid -\frac{w-1}{2} \leqslant s,t \leqslant \frac{w-1}{2}\right\} \tag{5-11}$$

前项域 **A** 和后项域 B 分别由下式推导并描述：

$$A = \{[g_{i+s,j+t}]_{s=0,t=-(w-1)/2}^{0,-1} + [g_{i+s,j+t}]_{s=-(w-1)/2,t=-(w-1)/2}^{-1,(w-1)/2}\} \tag{5-12}$$

$$B = \{[g_{i+s,j+t}]_{s=0,t=0}^{0,(w-1)/2} + [g_{i+s,j+t}]_{s=1,t=-(w-1)/2}^{(w-1)/2,(w-1)/2}\} \tag{5-13}$$

式中：s 与 t 分别表示窗口的行与列。

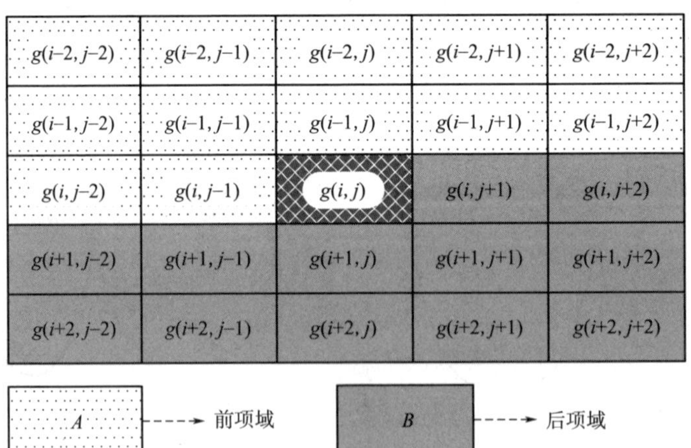

图 5-5　5×5 的滤波窗口

一、降质图像噪声检测模型

根据本章前述 Chebyshev 理论，得：

$$\left(1-\frac{1}{k^2}\right)=\tau=\frac{\sum_{\forall g_{i+s,j+t}\in A} g_{i+s,j+t}}{(w^2-1)/2} \tag{5-14}$$

令 $g(i+m,\ j+n)$ 为中心像素 $g(i,\ j)$ 的邻域像素，$\hat{y}(i,\ j)$ 是前项集 $\boldsymbol{A}$ 的估计值，$\mu(i,\ j)$ 为局部加权均值，$\sigma(i,\ j)$ 为局部加权标准差，则：

$$\mu(i,j)=\frac{\sum_{m}^{m\in A}\sum_{n}^{n\in A} w_\theta(m,n)\hat{y}(i+m,j+n)+\sum_{m}^{m\in B}\sum_{n}^{n\in B} w_\theta(m,n)g(i+m,j+n)}{\sum_{m}^{m\in A}\sum_{n}^{n\in A} w_\theta(m,n)+\sum_{m}^{m\in B}\sum_{n}^{n\in B} w_\theta(m,n)} \tag{5-15}$$

$$\sigma(i,j)=\frac{\sum_{m}^{m\in A}\sum_{n}^{n\in A} w_\theta(m,n)\left|\hat{y}(i+m,j+n)-\mu(i,j)\right|+\sum_{m}^{m\in B}\sum_{n}^{n\in B} w_\theta(m,n)\left|g(i+m,j+n)-\mu(i,j)\right|}{\sum_{m}^{m\in A}\sum_{n}^{n\in A} w_\theta(m,n)+\sum_{m}^{m\in B}\sum_{n}^{n\in B} w_\theta(m,n)} \tag{5-16}$$

式中：$w_\theta(m,\ n)$ 为主纹理方向的局部概率密度，即：

$$w_\theta(m,n)=p(\theta) \tag{5-17}$$

式中：θ 为方向角。

因 Radon 变换具有周期性对称性，并由图 5-3 可获知图像 Radon 变换后的主纹理方向概率密度分别在 45°和 225°，90°和 270°，135°和 315°是相同的，所以此处只需分析图像以下主纹理方向：

$$\theta=\{\varphi(i,\text{angle})\mid 1\leqslant i\leqslant 5,\text{angle}\in\{0°,45°,90°,135°,180°\}\} \tag{5-18}$$

则基于 Chebyshev 理论和 Radon 变换，图像主纹理分析的噪声检测模型可描述为：

$$D(i,j)=\begin{cases}1 & y(i,j)>\mu(i,j)+E(i,j)\text{ or } y(i,j)<\mu(i,j)-E(i,j)\\ 0 & \text{others}\end{cases} \tag{5-19}$$

式中：

$$E(i,j)=\delta\times\frac{\sigma(i,j)}{f_{F\_\text{mean}}} \tag{5-20}$$

式中：δ 为常数，其取值详见"实验与分析"部分；f_{F_mean} 为窗口中像素点之间的隶属度。

因为图像自身质量存在模糊性，所以此处采用模糊理论中的模糊平均过程来决策窗口中像素点之间的隶属度。本文采用下式即梯形函数（图 5-6）表示灰度级为 255 的灰度图像中像素点之间的隶属度，其中参数 α 与 β 将在实验部分给出。

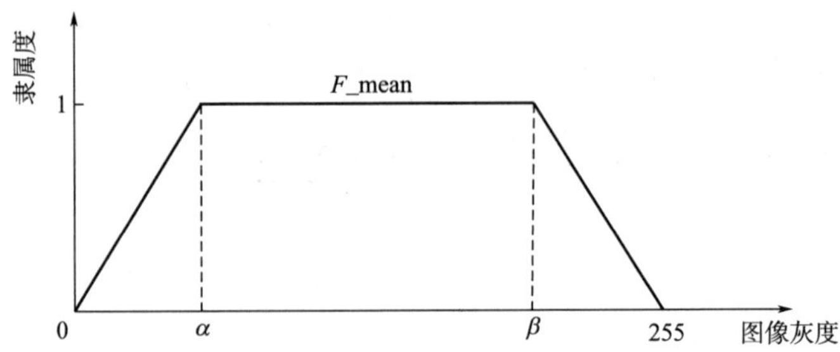

图 5-6　模糊平均过程的模糊区间

$$f_{F\_mean} = \begin{cases} 0, & x < 0 \\ x/\alpha, & 0 \leqslant x < \alpha \\ 1, & \alpha \leqslant x < \beta \\ (255 - x)/(255 - \beta), & \beta \leqslant x < 255 \\ 0, & x \geqslant 255 \end{cases} \tag{5-21}$$

二、降质图像噪声去除模型

根据本章前述的统计学理论，图像去除噪声采用高斯滤波函数作为平滑因子，可表示为：

$$G(i,j) = \frac{1}{F}\exp\left(-T\frac{\sigma^2(i,j)(i^2 + j^2)}{\sqrt{\mu(i,j)} + 1}\right) \tag{5-22}$$

式中：F 与 T 为归一化参数，其取值将在“实验与分析”部分讨论。

由前面公式构建基于 Chebyshev 理论与 Radon 变换图像主纹理分析的降质图像噪声去除模型，可描述为：

$$\hat{y}(i,j) = \begin{cases} \dfrac{\sum\limits_{m}^{m\in A}\sum\limits_{n}^{n\in A} G(m,n)\hat{y}(i+m,j+n) + \sum\limits_{m}^{m\in B}\sum\limits_{n}^{n\in B} G(m,n)g(i+m,j+n)}{\sum\limits_{m}^{m\in A}\sum\limits_{n}^{n\in A} G(m,n) + \sum\limits_{m}^{m\in B}\sum\limits_{n}^{n\in B} G(m,n)} & \text{if} \quad D(i,j) = 1 \\ y(i,j) & \text{otherwise} \end{cases} \tag{5-23}$$

三、算法设计

根据噪声降质图像复原模型（包括降质图像噪声检测模型和噪声去除模型），并结合图像主纹理分析，设计基于 Chebyshev 理论与 Radon 变换的噪声降质图像复原算法，其步骤见表 5-2。

表 5-2　噪声降质图像复原算法步骤

算法 1　噪声降质图像复原算法	
输入	噪声降质图像 $\mathbf{y}$，其大小为 $M\times N$
输出	去噪复原图像 $\mathbf{y}_o$，其大小为 $M\times N$
步骤：	
第 1 步	选取待复原的降质图像 $\mathbf{y}$ 中（即 $M\times N$ 个像素点集合）第 K 个像素点 $g(i,\ j)$（注：$0\leqslant i<M$ 且 $0<j\leqslant N$；$K=i\times N+j$ 且 $0<K\leqslant M\times N$）
第 2 步	初始化或重置相关参数：w，δ，F，T
第 3 步	预处理阶段，对第 K 个像素点进行如下操作 ①确定该像素点的邻域窗口，其大小为 $w\times w$（即包含 $w\times w$ 个像素点元素的图像 $\mathbf{y}$ 的子集） ②根据公式（5-12）和公式（5-13）将该窗口中的元素划分为前项域 A 和后项域 B
第 4 步	噪声检测阶段，对第 K 个像素点进行如下操作 ①根据公式（5-14），自适应计算参数 k 值 ②根据公式（5-17），求解待复原降质图像 y 的局部主纹理方向概率密度（即局部加权值） ③根据公式（5-15），计算待复原降质图像 y 的局部加权均值 $\mu(i,\ j)$ ④根据公式（5-16），计算待复原降质图像 y 的局部加权标准差 $\sigma(i,\ j)$ ⑤根据公式（5-21），计算窗口中像素点之间的隶属度 $f_{F\_\ \mathrm{mean}}$，其参数 α，β 在实验中自适应获取（参见“实验与分析”），进而求得 $E(i,\ j)$ ⑥根据公式（5-19）与公式（5-20），估计并判定该像素点 $g(i,\ j)$ 是否为噪声点，若该像素点不是噪声点，则转至第 6 步操作；若该像素点是噪声点，则继续第 5 步操作
第 5 步	噪声去除阶段，对第 K 个像素点进行如下操作 ①根据公式（5-22），通过高斯滤波函数获取降质图像局部平滑参数 ②根据公式（5-23），估计并恢复该像素点的像素值，去除该像素点的噪声
第 6 步	判断噪声降质图像 $\mathbf{y}$ 中是否所有像素点均完成噪声降质图像复原操作 ①若整副图像处理未完成，则转至第 1 步操作，并选取第 K+1 个待处理像素点 ②若整副图像处理完毕，则继续第 7 步操作
第 7 步	输出去除噪声后的复原图像 $\mathbf{y}_o$

四、算法流程

基于 Chebyshev 理论与 Radon 变换的噪声降质图像复原算法的执行流程如图 5-7 所示。

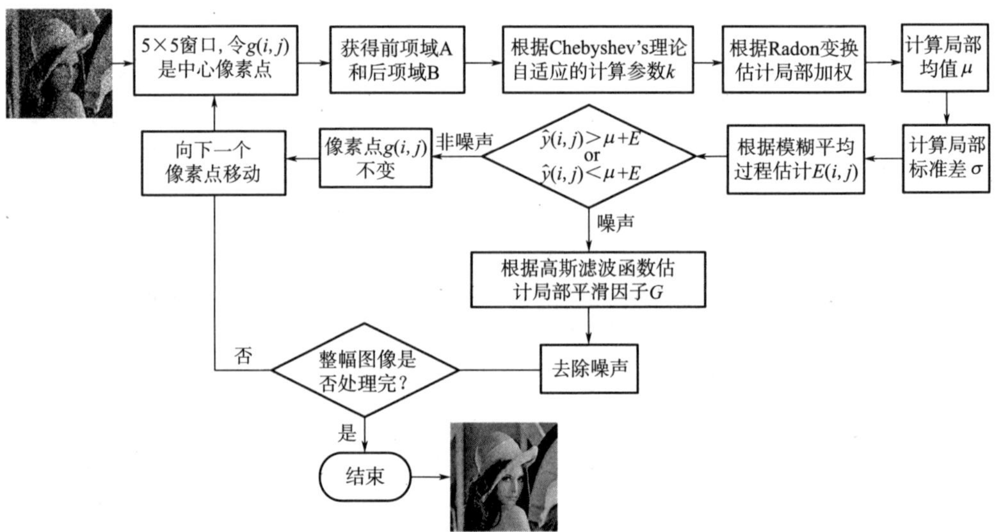

图 5-7　噪声降质图像复原算法的执行流程

五、实验与分析

1. 实验说明

针对本章所提出的基于 Chebyshev 理论与 Radon 变换的噪声降质图像复原模型及算法，以 Matlab7.8 为测试平台完成仿真实验，选取国际通用的典型标准测试图像（包括三幅灰度图像 Lena，Peppers，Mandrill 与两幅彩色图像 Girl，Airplane），其大小均为 256×256，如图 5-8 所示。

(a) Lena

(b) Peppers

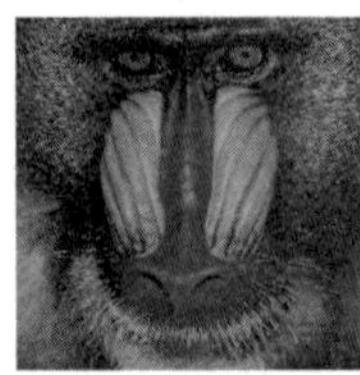
(c) Mandrill

(d) Girl

(e) Airplane

图 5-8　典型测试图像

仿真实验为量度降质图像的复原质量，采用峰值信噪比（peak signal-to-noise ratio，简称 PSNR）与噪声抑制均方误差（mean square error of noise suppression，简称 MSENS）来客观评价复原图像的质量[53]。仿真实验为测评本章所提出的降质图像复原算法的有效性，将该算法（PA）与其他常见噪声降质图像复原算法进行对比实验，这些算法包括 HPFSM[50]，SBF[55]，SMF[55]，SADA[56]及 MNF[57]。

本章实验参数取值如下：公式（5-20）中 δ 是一个常数，且根据实验 $\boldsymbol{\delta}=0.0002$；公式（5-21）模糊平均过程中的参数分别在实验中自适应获取，即 $\boldsymbol{th}_1=\boldsymbol{abs}(\boldsymbol{\mu}-\boldsymbol{\kappa}\times\boldsymbol{\sigma})$，$\boldsymbol{th}_2=\boldsymbol{abs}(\boldsymbol{\mu}+\boldsymbol{\kappa}\times\boldsymbol{\sigma})$，$\boldsymbol{\alpha}=\boldsymbol{min}(\boldsymbol{th}_1,\ \boldsymbol{th}_2)$，$\boldsymbol{\beta}=1-\boldsymbol{\alpha}$。

2. 实验结果及评价

将本章所提出的降质图像复原算法 PA 与其他常见算法（包括 SBF，HPFSM，SMF，SADA 及 MNF 等）在图像噪声去除能力和图像细节信息保护能力方面进行性能比较。针对各类别不同强度噪声干扰影响的测试图像进行图像复原操作，给予降质图像复原质量以客观评价（包括 PSNR 和 MSENS）与主观评价。

（1）图像去噪的性能实验。

①去除椒盐噪声。预设五幅测试图像（包括三幅灰度图像 Lena，Peppers，Mandrill 与两幅彩色图像 Girl，Airplane），受不同强度椒盐噪声干扰导致其图像降质，使用常见表现较好的降质图像复原算法 SBF，HPFSM，SMF，SADA，MNF 及本章所提出的算法 PA 对其进行图像复原，其复原后图像的 PSNR 与 MSENS 值被列出（表 5-3）。从该列表数据获知，对于灰度图像复原，在噪声强度较低时（如 30%），算法 SBF 取得较好的 PSNR 与 MSENS 值；在噪声强度较低时（如 30%），算法 SBF 取得较好的 PSNR 与 MSENS 值；在噪声强度较高时（如 60%，80%，90%等），本章所提出的算法 PA 对比其他算法，在噪声图像复原后其图像评价较好。对于彩色图像复原，在噪声强度较低时（如 30%，60%等）时，算法 SBF 取得较好的 PSNR 与 MSENS 值；在噪声强度较高时（如 80%，90%等）时，本章所提出的算法 PA 对比其他算法，在噪声图像复原后其图像评价较好。因此，本章所提出的算法 PA 对于受高强度椒盐噪声感染图像的复原操作具有较好性能。

②去除随机脉冲噪声。预设五幅测试图像（包括三幅灰度图像 Lena，Peppers，Mandrill 与两幅彩色图像 Girl，Airplane），受不同强度随机脉冲噪声干扰导致其图

表 5-3 测试图像受不同强度的椒盐噪声影响降质并由不同算法将其复原后的 PSNR (dB) 和 MSENS

图像	噪声强度/%	SBF	HPFSM	SMF	SADA	MNF	PA
Lena	30	**26. 72/152. 26**	10. 61/4761. 50	20. 14/518. 10	18. 12/828. 60	17. 1/1207. 3	20. 02/535. 28
	60	15. 60/1493. 40	7. 41/9780. 00	10. 70/4594. 50	14. 10/2085. 30	7. 00/10133. 00	**16. 10/1320. 10**
	80	9. 00/6778. 80	6. 00/13152. 00	7. 00/10439. 00	12. 40/3079. 70	6. 00/12813. 00	**14. 20/2041. 80**
	90	7. 00/11503. 00	5. 98/14833. 00	6. 00/14509. 00	11. 70/3663. 10	5. 00/15946. 00	**13. 40/2450. 60**
Peppers	30	**24. 42/199. 40**	10. 40/5085. 80	19. 92/562. 27	17. 58/963. 91	13. 70/2334. 10	19. 24/657. 16
	60	15. 20/1675. 20	7. 00/10224. 00	10. 50/4927. 40	13. 70/2341. 30	7. 00/10335. 00	**15. 30/1644. 70**
	80	8. 90/7104. 50	6. 00/13636. 00	7. 00/11009. 00	12. 00/3505. 70	6. 00/13543. 00	**13. 50/2491. 40**
	90	6. 00/12510. 00	5. 89/15355. 00	6. 00/15085. 00	11. 10/4316. 90	5. 00/14610. 00	**12. 50/3131. 30**
Mandrill	30	**19. 02/662. 83**	10. 20/5066. 60	16. 70/1139. 40	16. 20/1260. 40	13. 52/2349. 10	17. 29/986. 12
	60	14. 00/2097. 90	7. 00/10282. 00	10. 10/5172. 80	13. 70/2242. 50	7. 70/9079. 40	**15. 40/1514. 80**
	80	8. 80/7034. 70	6. 00/13594. 00	7. 00/10918. 00	12. 50/2989. 40	7. 00/11345. 00	**14. 30/1971. 30**
	90	7. 00/11791. 00	5. 00/15255. 00	6. 00/14342. 00	11. 90/3444. 40	6. 00/13242. 00	**13. 80/2218. 70**
Gril	30	**27. 16/108. 28**	10. 80/4730. 80	19. 69/607. 81	16. 20/1351. 60	12. 50/3190. 90	17. 80/924. 38
	60	**15. 00/1788. 40**	8. 50/7926. 80	10. 00/5693. 70	11. 80/3778. 50	7. 00/10976. 00	12. 90/2974. 90
	80	8. 30/8354. 50	7. 00/10769. 00	6. 00/13163. 00	9. 80/6061. 80	6. 00/13285. 00	**10. 70/4938. 90**
	90	6. 98/12980. 00	6. 00/12701. 00	5. 00/17807. 00	8. 90/7425. 20	5. 00/15424. 00	**9. 70/6122. 20**
Airplane	30	**22. 80/336. 90**	9. 00/7813. 10	19. 52/690. 47	17. 10/1198. 70	13. 10/2998. 30	18. 01/975. 36
	60	**14. 70/2110. 30**	6. 00/16911. 00	10. 70/5237. 30	13. 00/3087. 90	7. 00/11590. 00	14. 10/2419. 90
	80	8. 60/8504. 70	5. 00/21602. 00	7. 00/12202. 00	11. 10/4809. 80	6. 00/15391. 00	**12. 10/3826. 60**
	90	6. 00/13856. 00	4. 00/23412. 00	6. 00/16435. 00	10. 30/5730. 90	5. 00/16783. 00	**11. 30/4576. 20**

像降质，使用常见表现较好的降质图像复原算法 SBF，HPFSM，SMF，SADA，MNF 及本章所提出的算法 PA 对其进行图像复原，其复原后图像的 PSNR 与 MSENS 值被列出（表 5-4）。从该列表数据获知，对于灰度图像复原，在噪声强度较低时（如 10%，30%等）时，算法 MNF 取得较好的 PSNR 与 MSENS 值，特别指出算法 HPF-SM 复原图像 Mandrill 后其图像评价也较好；在噪声强度较高时（如 60%，80%等），本章所提出的算法 PA 对比其他算法，在降质图像复原后其图像评价较好。对于彩色图像复原，在噪声强度较低时（如 10%）时，算法 MNF 取得较好的 PSNR 与 MSENS 值；在噪声强度较高时（如 30%，60%，80%等）时，本章所提出

的算法 PA 对比其他算法，在降质图像复原后的图像评价较好。因此，本章所提出的算法 PA 对于受高强度随机脉冲噪声感染降质图像的复原操作具有较好性能。

表 5-4　测试图像受不同强度的随机脉冲噪声影响降质并由不同算法将其复原后的 PSNR（dB）和 MSENS

图像	噪声强度/%	SBF	HPFSM	SMF	SADA	MNF	PA
Lena	10	27.94/86.43	27.02/106.78	31.05/42.22	29.65/58.32	**31.14/41.41**	26.33/125.25
	30	22.75/285.42	22.23/322.00	23.08/260.44	23.00/269.36	**23.14/261.33**	22.14/328.61
	60	17.37/986.62	15.40/1558.40	17.20/1024.00	17.30/1006.80	17.00/1071.10	**17.40/976.30**
	80	15.00/1702.00	12.20/3244.40	14.80/1791.60	14.90/1759.40	14.60/1874.10	**15.90/1526.80**
Peppers	10	25.31/162.57	23.99/220.57	29.52/61.67	27.59/96.10	**29.8/57.84**	24.75/185.08
	30	21.91/356.09	21.37/403.12	22.83/287.89	22.47/312.59	**23.00/276.76**	21.52/388.95
	60	17.30/1033.40	16.20/1317.30	17.20/1041.00	17.20/1044.00	17.10/1082.10	**17.35/989.20**
	80	15.00/1762.50	12.60/3020.70	14.90/1804.90	14.80/1820.1	14.60/1907.00	**15.30/1685.10**
Mandrill	10	19.67/570.60	**27.71/89.44**	19.68/59.80	19.99/529.81	16.20/1382.60	18.90/681.08
	30	18.38/768.29	**22.04/330.78**	18.32/777.52	18.43/758.13	15.34/1523.10	17.76/886.95
	60	15.60/1457.40	16.30/1231.40	15.50/1502.80	15.40/1508.90	14.90/1780.00	**16.50/1170.30**
	80	13.80/2185.10	13.40/2445.00	13.70/2256.70	13.70/2271.40	13.70/2235.00	**14.00/2011.00**
Gril	10	28.21/85.07	20.33/560.86	30.21/54.16	29.21/67.89	**30.76/47.32**	27.09/110.15
	30	23.02/281.05	19.12/728.57	23.08/277.14	22.63/307.71	23.29/264.12	**23.54/253.53**
	60	17.61/975.79	16.70/1024.30	17.40/1022.70	17.10/1089.10	17.20/1071.50	**17.82/957.45**
	80	15.20/1707.50	14.60/1989.20	15.00/1794.60	14.80/1879.30	14.70/1928.10	**15.80/1680.40**
Airplane	10	23.87/260.01	25.58/183.77	27.32/114.54	25.79/163.24	**29.05/77.71**	23.08/308.71
	30	21.45/444.14	21.59/432.40	22.61/337.33	22.14/376.49	23.11/301.31	**23.82/413.53**
	60	17.40/1120.70	11.90/4036.50	17.60/1066.6	17.60/1080.60	17.40/1109.90	**18.10/996.20**
	80	15.40/1789.80	8.00/10957.00	15.60/1698.6	15.50/1754.10	15.50/1731.10	**15.80/1575.30**

③去除高斯噪声。预设五幅测试图像（包括三幅灰度图像 Lena，Peppers，Mandrill 与两幅彩色图像 Girl，Airplane），受不同强度均值为 0 的高斯噪声干扰导致其图像降质，使用常见表现较好的降质图像复原算法 SBF，HPFSM，SMF，SADA，MNF 及本章所提出的算法 PA 对其进行图像复原，其复原后图像的 PSNR 与 MSENS 值被列出（表 5-5）。从该列表数据获知，对于灰度图像复原，在噪声强度较低时（如 10%）时，算法 MNF 取得较好的 PSNR 与 MSENS 值，特别指出算法 HPFSM 复

原图像 Mandrill 后其图像评价也较好；在噪声强度较高时（如 30%，60%，80%等），本章所提出的算法 PA 对比其他算法，在降质图像复原后其图像评价较好。对于彩色图像复原，在噪声强度较低时（如 10%）时，算法 MNF 取得较好的 PSNR 与 MSENS 值。在噪声强度较高时（如 30%，60%，80%等）时，本章所提出的算法 PA 对比其他算法，在降质图像复原后的图像评价较好。因此，本章所提出的算法 PA 对于受高强度高斯噪声感染降质图像的复原操作具有较好性能。

表 5-5 测试图像受不同强度的高斯噪声影响降质并由不同算法将其复原后的 PSNR（dB）和 MSENS

图像	噪声强度/%	SBF	HPFSM	SMF	SADA	MNF	PA
Lena	10	28.68/72.89	23.91/218.47	30.88/43.91	30.64/46.45	**31.03/42.38**	27.12/104.25
	30	25.57/149.39	17.00/1072.10	23.85/222.06	24.76/179.53	22.33/314.51	**25.96/136.38**
	60	20.63/465.18	11.00/4306.00	18.42/774.81	20.32/499.61	19.64/584.95	**23.31/250.86**
	80	18.45/768.95	9.10/6643.20	16.20/1304.00	18.19/814.69	19.08/665.23	**21.69/365.16**
Peppers	10	25.96/139.78	23.25/261.44	29.47/62.39	28.19/83.70	**29.81/57.55**	25.29/163.27
	30	24.21/209.37	17.30/1036.60	23.63/239.19	24.04/217.80	22.12/339.23	**24.47/197.36**
	60	20.25/520.64	11.20/4181.50	18.48/783.28	20.29/515.57	19.51/617.93	**22.43/315.56**
	80	18.27/822.33	9.20/6667.20	16.30/1288.80	18.29/817.76	18.96/702.02	**21.17/421.55**
Mandrill	10	19.78/555.94	**24.69/179.52**	19.66/527.46	20.14/512.15	22.41/303.33	19.04/659.43
	30	**19.18/638.84**	17.20/1002.10	18.55/739.16	19.17/639.34	18.95/672.61	18.84/691.05
	60	17.43/955.93	11.20/4030.20	16.10/1284.40	17.35/973.01	17.00/1085.20	**18.20/799.70**
	80	16.10/1238.90	9.20/6390.80	14.60/1848.60	16.10/1294.90	16.60/1165.00	**17.61/916.49**
Gril	10	29.08/65.59	20.55/506.26	30.22/54.06	29.85/58.39	**31.02/49.35**	28.01/89.10
	30	26.08/139.06	18.13/889.40	24.21/213.34	25.36/163.89	22.91/288.53	**26.56/124.35**
	60	21.38/410.04	13.30/2645.90	19.17/682.61	21.06/441.62	20.34/521.87	**23.94/227.30**
	80	19.26/669.20	11.30/4174.50	17.10/1104.00	19.09/695.46	19.86/583.28	**22.29/332.92**
Airplane	10	24.29/237.51	24.98/197.10	27.42/112.04	26.21/148.46	**28.60/86.37**	23.42/286.18
	30	22.15/353.79	16.10/1511.40	23.13/299.75	23.58/270.42	21.56/430.46	**22.93/318.75**
	60	20.12/601.28	9.00/7813.56	18.65/840.19	20.20/578.80	19.21/739.19	**21.59/430.66**
	80	18.29/912.07	8.00/10957.00	16.70/1315.50	18.54/861.19	18.66/840.41	**20.59/539.77**

④去除混合噪声。混合噪声为不同强度椒盐噪声、随机脉冲噪声及高斯噪声（均值为 0）的混合，本实验选取以下六种情况为例（注：该算法适用性不仅限于所列噪声混合情况）：

Mixed 1：10%的椒盐噪声+30%的高斯噪声；

Mixed 2：10%的椒盐噪声+10%的随机脉冲噪声；

Mixed 3：10%的随机脉冲噪声+10%的高斯噪声；

Mixed 4：10%的椒盐噪声+60%的高斯噪声；

Mixed 5：60%的椒盐噪声+10%的高斯噪声；

Mixed 6：50%的随机脉冲噪声+50%的高斯噪声。

预设五幅测试图像（包括三幅灰度图像 Lena，Peppers，Mandrill 与两幅彩色图像 Girl，Airplane），受不同强度混合噪声干扰导致其图像降质，使用常见表现较好的降质图像复原算法 SBF，HPFSM，SMF，SADA，MNF 及本章所提出的算法 PA 对其进行图像复原，其复原后图像的 PSNR 与 MSENS 值被列出（表 5-6）。从该列表数据获知，对于灰度图像复原，在低强度噪声混合时（如 Mixed 1，Mixed 2）时，算法 SBF，SMF 及 MNF 取得较好的 PSNR 与 MSENS 值；在较高强度噪声混合时（如 Mixed 4，Mixed 5，Mixed 6）时，本章所提出的算法 PA 对比其他算法，在降质图像复原后其图像评价较好。对于彩色图像复原，在低强度噪声混合时（如 Mixed 2，Mixed 3）时，算法 SMF 与 MNF 取得较好的 PSNR 与 MSENS 值；因此，本章所提出的算法 PA 对于受较高强度混合噪声感染降质图像的复原操作具有较好性能。

表 5-6　测试图像受不同强度的混合噪声影响后降质并由不同算法将其复原后的 PSNR（dB）和 MSENS

图像	混合噪声	SBF	HPFSM	SMF	SADA	MNF	PA
Lena	Mixed 1	**26. 99/107. 45**	14. 30/2001. 40	25. 39/155. 47	22. 23/321. 81	23. 11/263. 14	23. 75/226. 65
	Mixed 2	27. 67/91. 92	15. 30/1606. 70	**29. 29/63. 26**	22. 66/291. 47	25. 34/157. 44	23. 51/239. 75
	Mixed 3	27. 58/93. 90	24. 14/207. 39	**28. 89/69. 39**	28. 52/75. 73	28. 79/71. 11	26. 18/129. 83
	Mixed 4	20. 09/526. 97	12. 90/2771. 30	17. 47/916. 67	18. 68/730. 18	19. 54/598. 30	**21. 86/350. 36**
	Mixed 5	15. 00/1698. 20	7. 80/9013. 10	11. 10/4147. 70	14. 20/2039. 30	7. 90/8723. 50	**16. 00/1337. 20**
	Mixed 6	17. 51/953. 85	10. 50/4845. 70	16. 50/1206. 00	17. 00/1072. 00	16. 60/1165. 20	**18. 14/825. 47**
Peppers	Mixed 1	22. 49/174. 79	14. 80/1817. 90	**24. 86/180. 39**	21. 65/377. 33	22. 70/296. 60	22. 70/296. 48
	Mixed 2	25. 19/167. 33	22. 80/298. 80	27. 66/94. 71	20. 77/462. 93	**28. 14/84. 71**	22. 39/318. 82
	Mixed 3	25. 36/160. 50	22. 94/280. 88	27. 90/89. 54	26. 82/114. 63	**28. 06/86. 25**	24. 66/188. 88
	Mixed 4	19. 71/589. 77	10. 20/5267. 90	17. 61/956. 51	18. 56/769. 79	19. 27/653. 41	**21. 04/434. 54**
	Mixed 5	15. 10/1708. 00	7. 70/9384. 40	11. 10/4308. 00	13. 70/2352. 30	7. 90/9030. 20	**15. 20/1669. 30**
	Mixed 6	17. 40/1003. 60	10. 50/4908. 50	16. 40/1263. 60	17. 00/1110. 50	16. 70/1189. 10	**17. 95/885. 09**

续表

图像	混合噪声	SBF	HPFSM	SMF	SADA	MNF	PA
Mandrill	Mixed 1	**19. 34/615. 37**	14. 20/2005. 30	18. 66/720. 08	18. 32/778. 11	19. 04/695. 30	18. 41/763. 52
	Mixed 2	19. 47/596. 71	14. 80/1732. 30	19. 20/635. 85	18. 38/768. 29	**19. 94/535. 46**	18. 34/774. 23
	Mixed 3	19. 59/581. 03	**24. 33/195. 24**	19. 49/953. 87	19. 84/548. 43	21. 95/337. 39	18. 87/686. 25
	Mixed 4	17. 10/1034. 10	10. 20/5091. 10	15. 40/1513. 60	16. 40/1203. 70	16. 80/1095. 60	**17. 80/877. 90**
	Mixed 5	13. 60/2332. 60	7. 40/9641. 00	10. 60/4638. 30	13. 80/2202. 10	8. 60/7240. 30	**15. 40/1542. 50**
	Mixed 6	15. 70/1440. 10	10. 80/4390. 30	14. 90/1729/80	15. 30/1575. 70	15. 20/1582. 60	**15. 80/1392. 60**
Gril	Mixed 1	**27. 42/101. 94**	13. 70/2403. 50	25. 56/156. 68	21. 38/410. 76	23. 38/258. 74	23. 08/277. 67
	Mixed 2	28. 27/83. 88	14. 30/2146. 80	**28. 62/77. 76**	20. 90/461. 25	25. 30/166. 45	22. 03/354. 26
	Mixed 3	28. 03/88. 72	20. 20/558. 17	28. 47/80. 43	27. 68/96. 45	**28. 92/72. 30**	26. 90/114. 77
	Mixed 4	20. 90/458. 75	11. 90/3632. 80	18. 26/841. 76	18. 60/778. 43	19. 95/569. 96	**21. 51/397. 99**
	Mixed 5	**14. 80/1856. 60**	8. 30/8317. 20	10. 30/5270. 90	11. 80/3803. 60	7. 00/9797. 00	12. 80/3010. 00
	Mixed 6	10. 20/5339. 60	12. 50/3185. 60	16. 70/1205. 70	17. 20/1074. 70	16. 80/1169. 90	**18. 33/826. 78**
Airplane	Mixed 1	23. 60/257. 20	14. 30/2284. 90	**24. 02/244. 59**	21. 10/479. 25	22. 17/375. 61	21. 46/444. 74
	Mixed 2	23. 45/285. 85	13. 80/2570. 50	**26. 01/155. 47**	25. 44/176. 87	24. 08/244. 14	21. 91/403. 43
	Mixed 3	23. 92/256. 33	23. 92/253. 64	26. 45/140. 09	26. 45/159. 46	**27. 34/114. 64**	23. 02/312. 53
	Mixed 4	19. 62/657. 31	8. 00/10784. 00	17. 80/1013. 60	18. 53/863. 45	18. 98/779. 01	**20. 31/576. 68**
	Mixed 5	13. 80/2547. 40	7. 00/12325. 00	11. 00/4859. 20	13. 00/3036. 40	8. 00/10330. 80	**14. 10/2403. 30**
	Mixed 6	17. 60/1068. 60	7. 00/12424. 00	17. 30/1147. 30	17. 60/1077. 10	17. 11/1207. 30	**17. 90/1009. 70**

（2）图像细节信息保护的性能实验。关于降质图像复原算法对图像细节信息保护的性能分析，可参考图 5-9～图 5-13 所示实验结果。通过本章所提出的算法 PA 与其他算法（包括 SBF，HPFSM，SMF，SADA 及 MNF）的对比实验，给出图像 Lena，Peppers，Mandrill，Girl 与 Airplane 受不同类别及强度噪声干扰降质再由各类降质图像复原算法恢复后的效果图。其中：图 5-9 展示了局部 Lena 图像受 30%的随机脉冲噪声感染降质再通过各类降质图像复原算法恢复的图像，从该组实验效果图分析获知，本章所提出的算法 PA 对于低强度噪声干扰的灰度图像具有较好的图像细节信息保护能力（例如，Lena 图像中帽子边沿处的信息）；图 5-10 展示了局部 Peppers 图像受 10%的随机脉冲噪声与 10%的高斯噪声混合感染降质再通过各类降质图像复原算法恢复的图像，从该组实验效果图分析获知，本章所提出的算法 PA 对于低强度混合噪声干扰的灰度图像具有较好的图像细节信息保护能力（例如，

(a) 原始Lena图像的局部

(b) 受到30%随机脉冲噪声干扰的降质图像

(c) SBF复原后的图像

(d) HPFSM复原后的图像

(e) SMF复原后的图像

(f) SADA复原后的图像

(g) MNF复原后的图像

(h) PA复原后的图像

图 5-9　Lena 图像受 30%的随机脉冲噪声感染降质再通过各类去噪算法恢复的图像

Peppers 图像中蔬菜叠加处的信息）；图 5-11 展示了局部 Mandril 图像受 10%的椒盐噪声和 30%的高斯噪声混合感染降质再通过各类降质图像复原算法恢复的图像，从该组实验效果图分析获知，本章所提出的算法 PA 对于较高强度混合噪声干扰的灰度图像具有较好的图像细节信息保护能力（例如，图像 Mandrill 中胡须处的信息）；图 5-12 展示了局部 Girl 图像受 30%的高斯噪声感染降质再通过各类降质图像复原算法恢复的图像，从该组实验效果图分析获知，本章所提出的算法 PA 对于低强度噪声干扰的彩色图像具有较好的图像细节信息保护能力（例如，Girl 图像中背景的信息）；图 5-13 展示了局部 Airplane 图像受 60%的高斯噪声感染降质再通过各类降质图像复原算法恢复的图像，从该组实验效果图分析获知，本章所提出的算法 PA

对于高强度噪声干扰的彩色图像具有较好的图像细节信息保护能力（例如，图像 Airplane 中背景的信息）。

由上述实验结果获知，本章所提出的算法 PA 对比其他算法在各类噪声干扰降质图像复原时表现出较好的去噪能力，同时图像复原后可保留更多的细节信息。

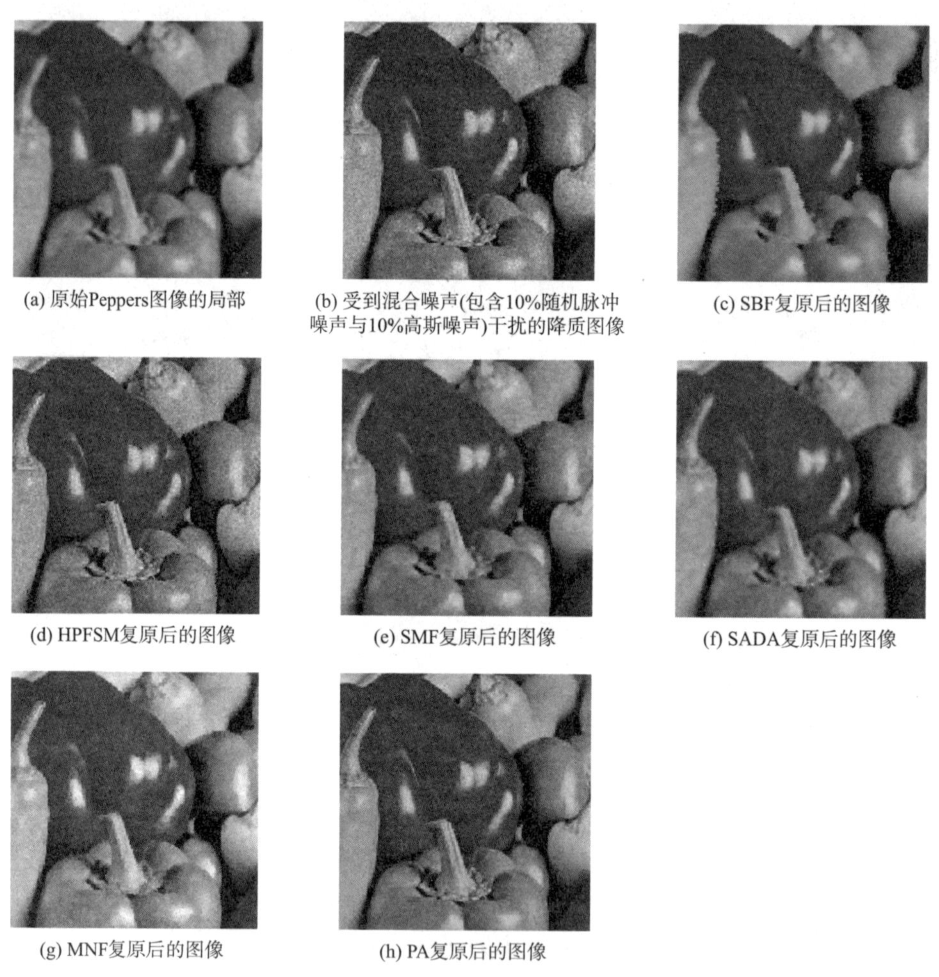

(a) 原始Peppers图像的局部

(b) 受到混合噪声(包含10%随机脉冲噪声与10%高斯噪声)干扰的降质图像

(c) SBF复原后的图像

(d) HPFSM复原后的图像

(e) SMF复原后的图像

(f) SADA复原后的图像

(g) MNF复原后的图像

(h) PA复原后的图像

图 5-10　Peppers 图像受混合噪声（包含 10%随机脉冲噪声与 10%高斯噪声）干扰后再通过各类去噪算法恢复的图像

3. 算法效率分析

仿真实验在 1.86GHz CPU 与 1GB RAM 配置的 PC 上运行，本章所提出的算法 PA 与 SBF，HPFSM，SMF，SADA 及 MNF 等其他算法针对同一降质图像、在相同

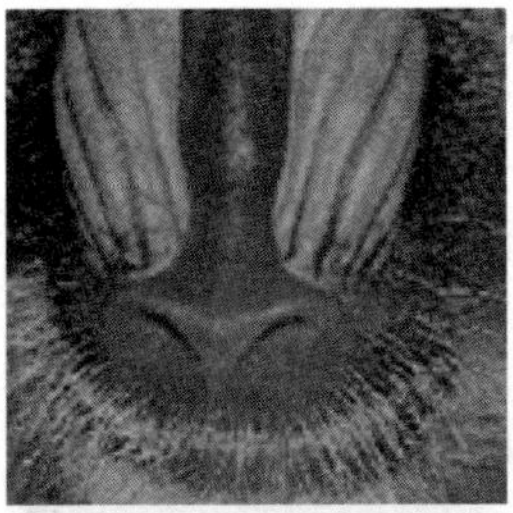

(a) 原始Mandrill图像的局部

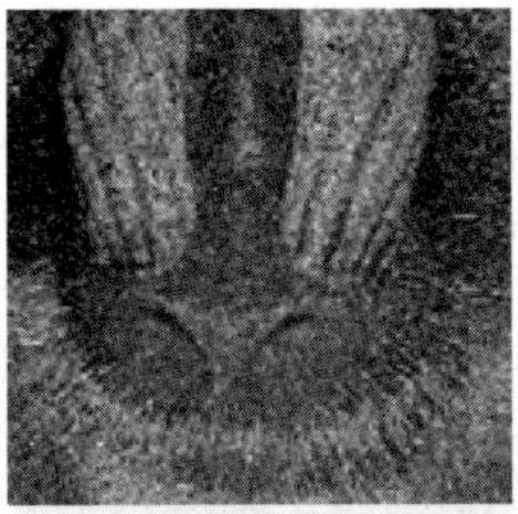

(b) 受到混合噪声(包含10%椒盐噪声与30%高斯噪声)干扰的降质图像

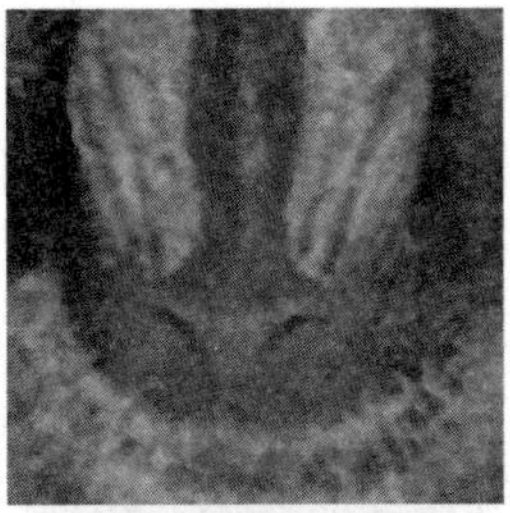

(c) SBF复原后的图像

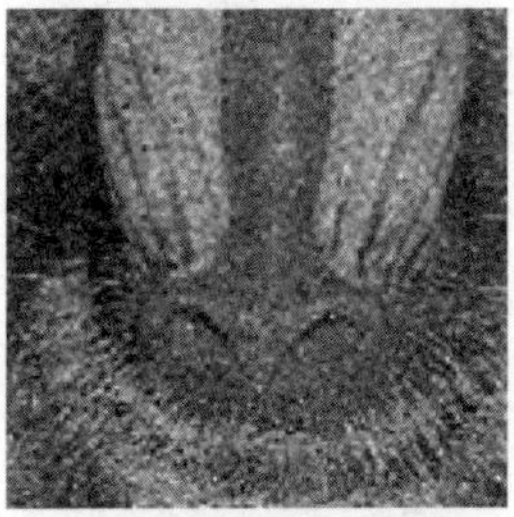

(d) HPFSM复原后的图像

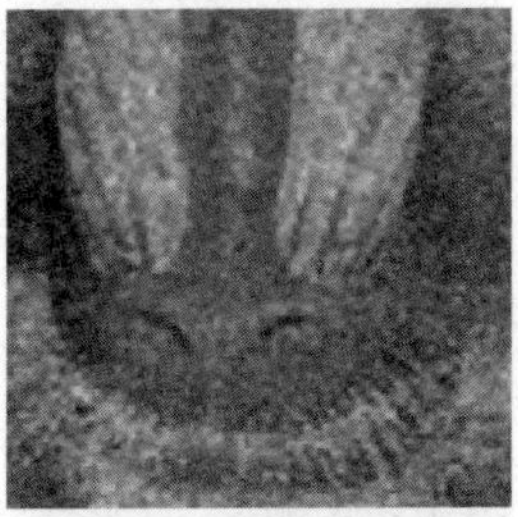

(e) SMF复原后的图像

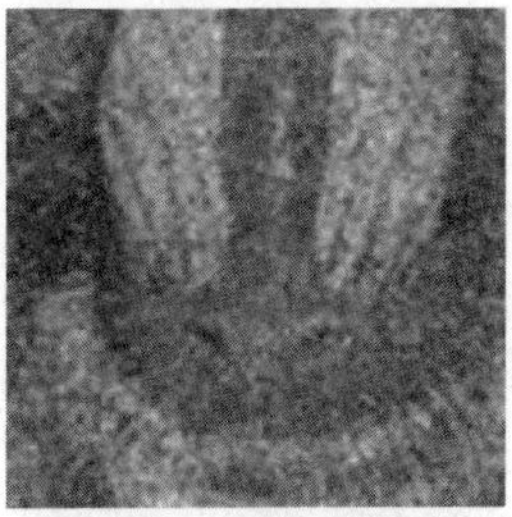

(f) SADA复原后的图像

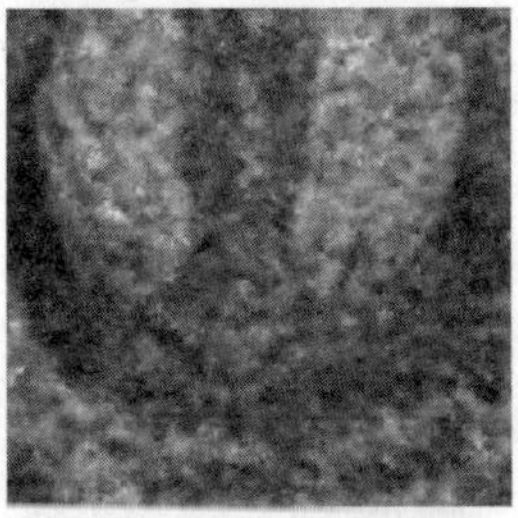

(g) MNF复原后的图像

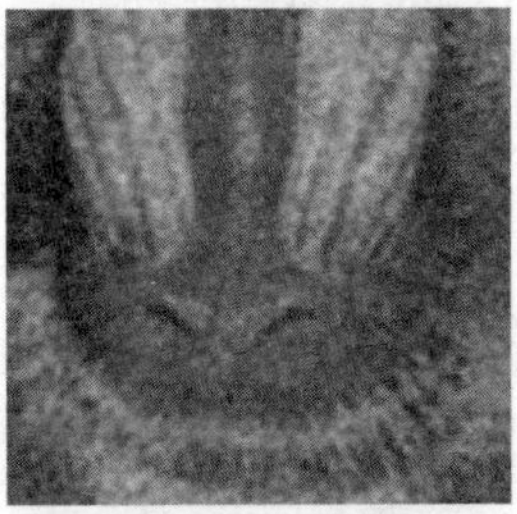

(h) PA复原后的图像

图 5-11 Mandrill 图像受到混合噪声（包含 10%椒盐噪声与 30%高斯噪声）干扰后再通过各类去噪算法恢复后的图像

(a) 原始Girl图像的局部

(b) 受到30%高斯噪声干扰的降质图像

(c) SBF复原后的图像

图 5-12

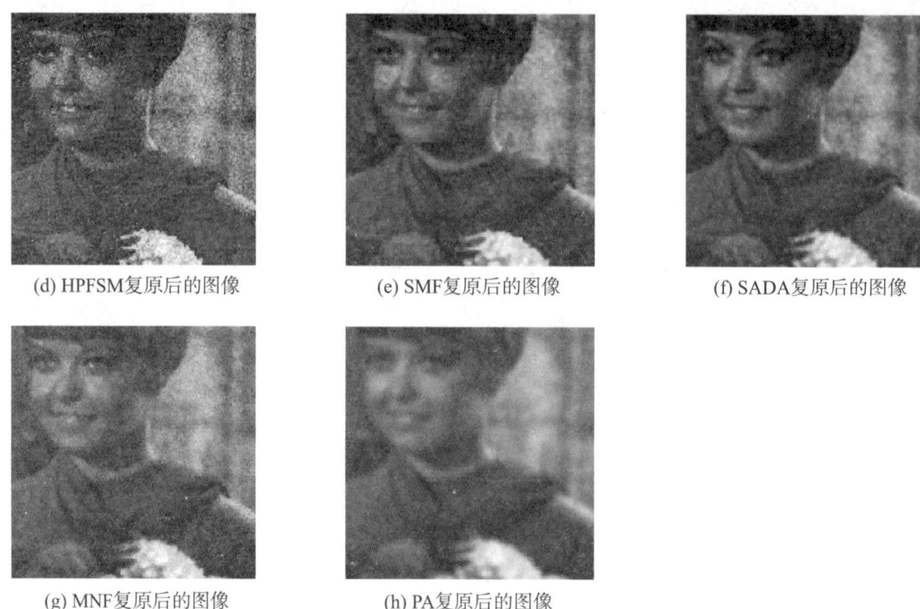

(d) HPFSM复原后的图像　(e) SMF复原后的图像　(f) SADA复原后的图像

(g) MNF复原后的图像　(h) PA复原后的图像

图 5-12　Girl 图像受到 30%的高斯噪声干扰后再通过各类去噪算法恢复后的图像

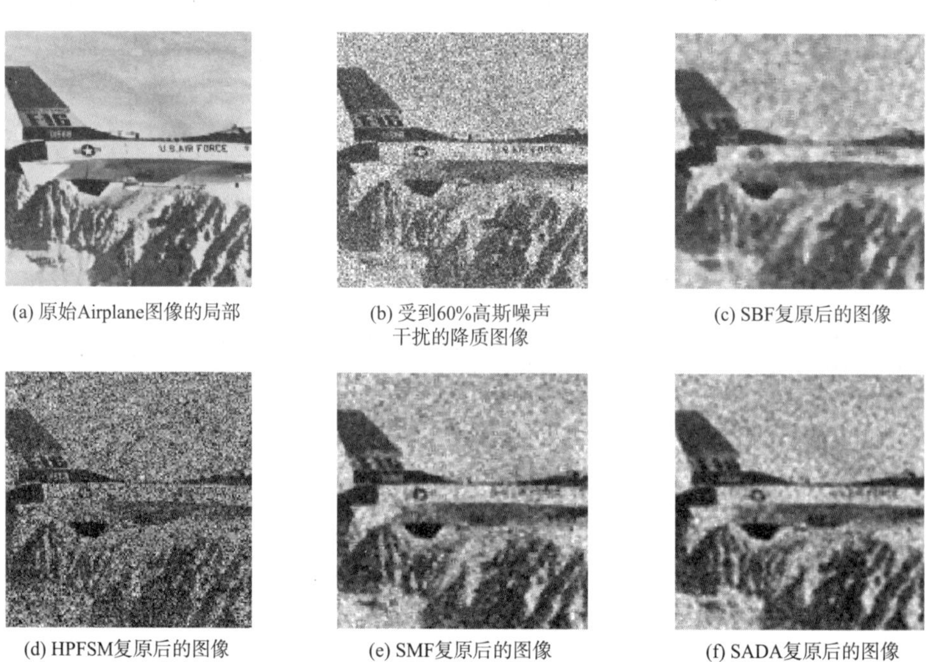

(a) 原始Airplane图像的局部　(b) 受到60%高斯噪声干扰的降质图像　(c) SBF复原后的图像

(d) HPFSM复原后的图像　(e) SMF复原后的图像　(f) SADA复原后的图像

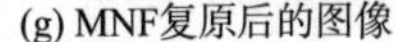

(g) MNF复原后的图像

(h) PA复原后的图像

图 5-13 Airplane 图像受到 60%高斯噪声干扰后再通过各类去噪算法恢复后的图像

运行条件下分别完成 50 次图像复原实验并测算其平均运行时间，实验运行数据如图 5-14 所示。实验运行结果表明，本章所提出的降质图像复原算法 PA 平均运行时间较少，其他去噪算法平均运行时间是 PA 所用时间的 5~11 倍（注：因为 SBF 与 MNF 的平均运行时间分别为 221s 与 345s，相比其他算法，远大于图表所示运行时间范围，所以未在图表中标出）。由算法效率实验分析可知，本章所提出的基于 Chebyshev 理论与 Radon 变换的噪声降质图像复原算法 PA 具有较好的运算性能。

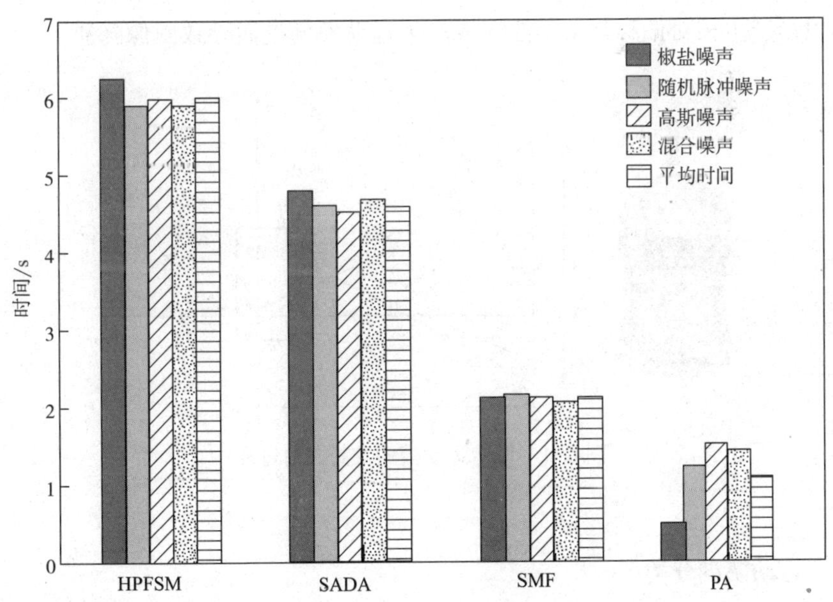

图 5-14 各类降质图像复原算法的运算效率

第六章　运动模糊降质图像复原

第一节　图像运动模糊概述

成像设备获取图像时，由于曝光时间内成像设备与被摄物体或场景间发生相对运动，使像素点发生位移进而导致图像模糊，称为图像运动模糊[58-59]。图像因运动模糊而发生图像降质现象，其成像原理如图 6-1 所示（例如，固定成像设备拍摄运动物体）。当物体与成像设备相对静止，物体头部 A 点投影为图像 a 点，物体尾部 B 点投影为图像 b 点；当物体与成像设备相对运动，且假设物体沿成像平面水平运动（即物体运动方向与像平面夹角为 0°），物体头部 A 点投影伴随运动迁移到图像 a'点，物体尾部 B 点投影伴随运动迁移到图像 b'点。物体运动产生相对位移 d 导致物体投影产生相对偏移量 K，使图像产生运动模糊进而导致图像降质。

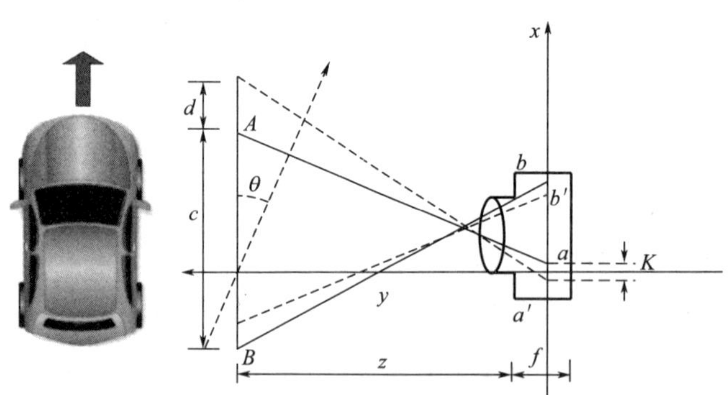

图 6-1　图像运动模糊及其成像过程

一、运动模糊分类

根据图像运动模糊的生成机理将其划分为三类，即局部运动模糊、全局运动模糊与混合运动模糊[58]。

（1）成像目标运动导致图像发生局部运动模糊：即成像目标运动、成像设备静止，相对运动使捕获图像中背景清晰、成像目标模糊。其适用的应用场景有高速公路车辆监控、体育比赛高速摄影、运动物体抓拍等。

（2）成像设备运动导致图像发生全局运动模糊：即成像目标静止、成像设备运动或光照条件影响致使曝光时间延长，相对运动使捕获图像中背景与成像目标都模糊、不清晰。其适用的应用场景有无人机航拍、行走机器人目标场景捕获等。

（3）成像目标与成像设备同时运动导致图像发生混合运动模糊：即成像目标与成像设备同时运动，相对运动使捕获图像中多种图像模糊效果迭加。其适用的应用场景有飞行器跟拍运动目标、巡航卫星拍摄自转地球等。

二、运动模糊的数学模型

通过研究成像目标在匀速直线运动中的图像投射过程，分析并构建运动模糊图像降质模型[58-59]。因为客观世界中变速或非直线运动在一定时空条件下均可分解为分段的匀速直线运动，所以与匀速直线运动关联的运动模糊图像降质模型具有普遍适用性，且是构造其他复杂运动模糊图像降质模型的基础。

假设成像固件完好、无噪声干扰、外界大气透光与折射率正常、拍摄聚焦正常，引入时间参数 t 标记成像目标、图像的运动属性。$s(x, y, t)$ 记录某时刻成像目标，$g(x, y, t)$ 记录捕获图像与曝光时间的关系，并可以表示为成像目标在特定时间段内的积分[58]，则：

$$g(x, y, t)=\int s(x, y, t)\mathrm{d}t \tag{6-1}$$

若成像目标静止，则 $s(x, y, t)=I(x, y)$；若成像目标运动，则 $s(x, y, t)=I[x-x_0(t), y-y_0(t)]$，其中 $x_0(t)$ 与 $y_0(t)$ 分别表示像素点位置因运动变化在图像平面的 x 与 y 方向上的偏移分量。最终捕获图像 $g(x, y)$ 可以表示为成像目标 $s(x, y, t)$ 在图像曝光时间 T 内连续成像的迭加（即匀速直线运动关联的图像运动模糊的连续数学模型[58]），将 $s(x, y, t)$ 在运动情况下的表达式代入上式，得：

$$g(x, y)=\int_0^T I(x-x_0(t), y-y_0(t))\mathrm{d}t \tag{6-2}$$

由该模型推断捕获图像 $g(x, y)$ 的模糊程度受图像像素点偏移量影响，并随运动时间 t 增加而增大。若以成像平面的水平方向为 x 轴（图 6-1），成像目标在 x 方向上做匀速直线运动，上式可简化得：

$$g(x, y) = \int_0^T I(x - x_0(t), y)\,dt \tag{6-3}$$

若图像总位移量 K 与运动总时间（即曝光时间）T 可通过测量获得，则运动在 x 方向上的位移分量可表示为 $x_0(t)=Kt/T$，将其代入上式得：

$$g(x, y) = \int_0^T I(x - \frac{Kt}{T}, y)\,dt \tag{6-4}$$

结合模糊图像在成像过程中的离散性与迭加性（即运动模糊图像各点像素值为原图像各点像素值与其对应成像时间乘积的累加），上式的离散化形式可表示为：

$$g(x, y) = \sum_{i=0}^{L-1} I(x - \frac{Kt}{T}, y)\Delta t \tag{6-5}$$

式中：L 表示运动目标投射图像移动的像素个数（注：整数值近似表示）；Δt 表示各像素点对于图像模糊效果的时间影响因子。

实际成像过程中，成像设备每次曝光时间、成像目标运动速度等参数难以测定；根据图像模糊的物理意义（即运动模糊图像可以视为同一拍摄场景经若干次位置偏移的迭加[59]，图 6-2），将影响图像模糊的时间因素转化为距离因素，便于应用并可简化上式得：

$$g(x, y) = \frac{1}{L}\sum_{i=0}^{L-1} I(x - i, y) \tag{6-6}$$

假设在信号量处理时忽略噪声干扰，图像降质模型的一般形式可简化为模糊图像降质模型，如下式所示；以卷积形式重新表述上述公式，在匀速直线运动过程中运动模糊图像降质模型可表示为：

$$g(x, y) = I(x, y) * H(x, y) \tag{6-7}$$

$$H(x, y) = \begin{cases} \frac{1}{L}, & -\frac{L}{2} \leqslant x \leqslant \frac{L}{2} \\ 0, & \text{others} \end{cases} \tag{6-8}$$

式中：系统函数 $H(x, y)$ 常被称为模糊算子或点扩散函数（point spread function，PSF）。若成像目标运动方向与成像平面存在夹角 θ，则运动模糊图像降质模型的模糊算子 $H(x, y)$ 可表示为：

$$H(x, y) = \begin{cases} \frac{1}{L}, & \sqrt{x^2 + y^2} \leqslant \frac{L}{2} \text{ 且 } \frac{y}{x} = -\tan\theta \\ 0, & \text{others} \end{cases} \tag{6-9}$$

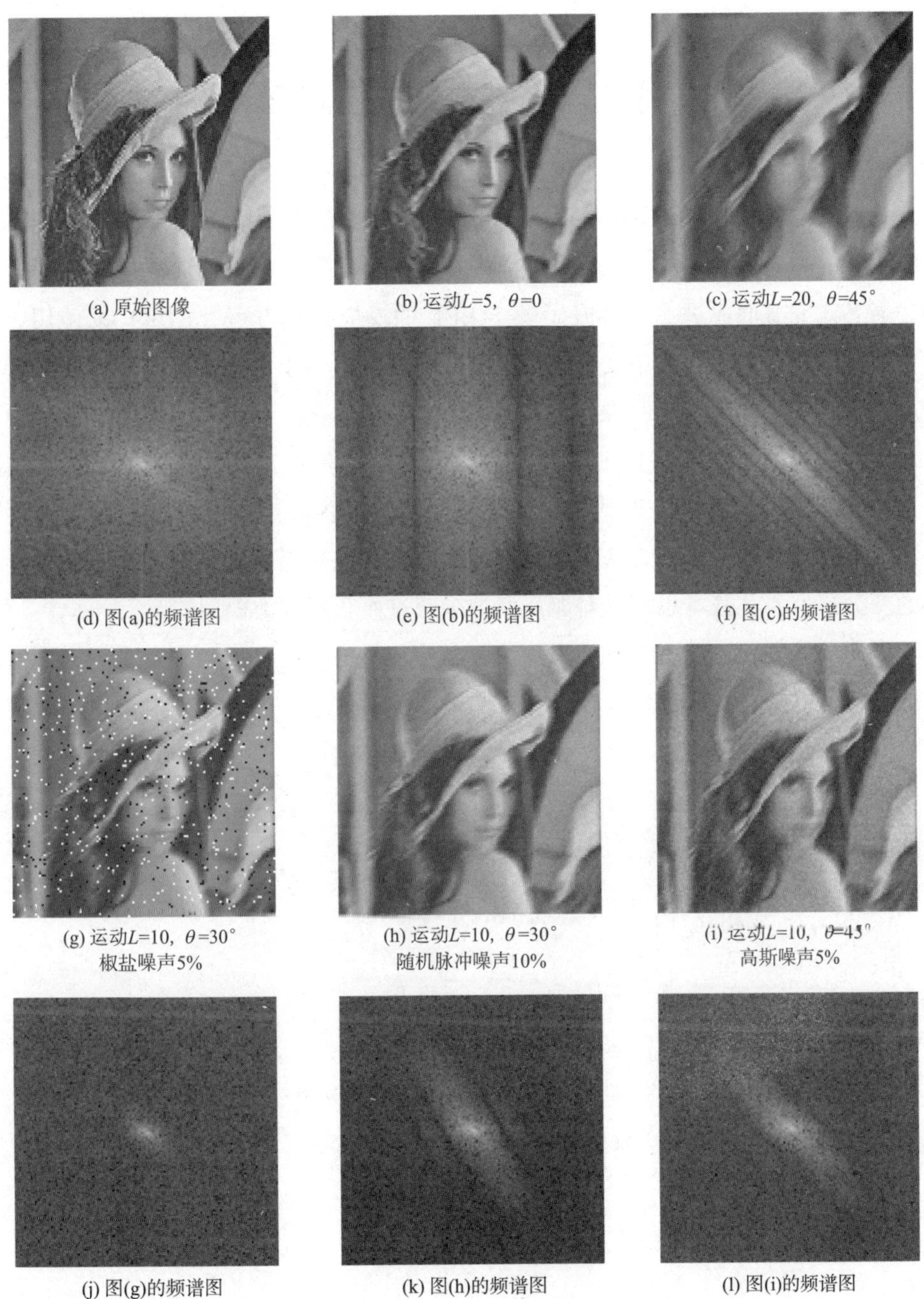

(a) 原始图像 (b) 运动L=5，θ=0 (c) 运动L=20，θ=45°

(d) 图(a)的频谱图 (e) 图(b)的频谱图 (f) 图(c)的频谱图

(g) 运动L=10，θ=30° 椒盐噪声5% (h) 运动L=10，θ=30° 随机脉冲噪声10% (i) 运动L=10，θ=45° 高斯噪声5%

(j) 图(g)的频谱图 (k) 图(h)的频谱图 (l) 图(i)的频谱图

图 6-2 Lena 图像受不同程度运动模糊影响并附加各类噪声干扰的降质图像及其对应的频谱图像

第二节 反应扩散方程

反应扩散方程（reaction diffusion equation，RDE）源于偏微分方程（partial differential equation，PDE）[51]。近年来，随着偏微分方程（PDE）广泛应用在图像处理领域各研究方向，进一步推升了源于 PDE 的反应扩散方程（RDE）的使用。偏微分方程的特点为方程式中变量与其导数同时出现，便于求解并与自然界物理量相关联，可将其扩展并用于图像处理领域以解决新的问题。

图像处理领域中基于 PDE 的模型，大致可分为基本迭代模型和变分模型。前者主要包括热扩散模型、正则化扩散模型、前项—后项扩散模型与扩散张量模型等，该类模型以迭代更新为基本思想，最终结果为迭代逼近式；后者主要使用一系列的变分模型，其基本思想是对能量函数求解进而获得该类模型的解。

反应扩散方程也源于 PDE，其中常用的热传导方程（HCE）是一个各向同性的扩散方程，但其在扩散过程中并未考虑图像的位置信息，且过度平滑图像边缘信息影响了图像处理的质量。因此，Perona 和 Malik 于 1990 年提出了 PM 模型，该模型在热传导方程的基础上，充分考虑图像的结构特征，采用各向异性的扩散方法，以保护图像的边缘细节信息[52-53]。PM 模型可描述为：

$$\begin{cases} \dfrac{\partial I(x,y,t)}{\partial t} = \mathrm{div} \cdot (g(|\nabla I|)\,\nabla I) \\ I(x,0) = I_0(x),\ x \in R^2 \end{cases} \tag{6-10}$$

式中：I 表示灰度图像，$I(x,\ y)$ 为图像在 $(x,\ y) \in R^2$ 处的灰度值，$I(x,\ y,\ t)$ 表示在 t 时刻图像处理的结果，I_0 为原始图像；符号∇表示梯度算子；div 表示散度算子；$g(|\nabla I|)$表示扩散系数，为单调递减函数，且满足下式：

$$g(0) = 1,\quad \lim_{x \to +\infty} g(x) = 0 \tag{6-11}$$

通常 PM 模型可预设如下两个扩散函数：

$$g(|x|) = \frac{1}{1+\mu x^2} \text{ 或 } g(|x|) = \exp(-\mu|x|) \tag{6-12}$$

反应扩散方程（RDE）应用于图像复原的基本思想是去除图像降质因素的影响并同时保护与增强图像的细节信息。基于 PM 模型的 RDE 可描述为[62]：

$$\frac{\partial I(x,y,t)}{\partial t}=\mathrm{div}\cdot(g(|\nabla I|)\nabla I)+f(I) \tag{6-13}$$

式中：$f(I)$ 为反应项。

在图像处理领域及其相关工程应用中，图像的边缘特征与细节信息包含重要的视觉特征，因此在关注复原降质图像的同时，保护图像的边缘特征与细节信息的研究同样具有重要的实用价值。将反应扩散方程（RDE）应用于降质图像复原，其在理论应用和计算性能方面具有如下特点[63]：

（1）RDE 能够直接表现图像在视觉上的重要几何特征，如图像梯度、边缘切线、曲率及水平集等。

（2）RDE 能够有效地模拟具有视觉特性的动态变化过程，如各项异性扩散机制、信息传输机制等。

（3）RDE 能够在连续的区域中建立图像 RDE 模型，且在数值计算时能够使用有限差分法、边界元法、有限单元法等方法将其离散化。

（4）RDE 应用于图像处理领域最重要的特点之一是可在降质图像复原过程中同时保护图像的边缘特征和细节信息。

（5）RDE 能够借助 PDE 的相关理论对 RDE 模型进行分析、求解，基于 RDE 的算法具有计算复杂度低、稳定性好的特点。此外，PDE 的黏性解理论为 RDE 模型提供了严格的数学理论基础。

第三节　图像去运动模糊

一、降质图像复原模型

基于扩散过程的 PM 模型能够有效地复原降质图像的质量，但其在保护复原后图像的细节信息方面表现并不理想。为了进一步恢复并增强复原图像的细节信息，本章提出基于反应扩散方程的降质图像复原模型（reaction－diffusion equation basedimage restoration，简称 RDER），该模型不仅可用于去除图像的运动模糊，而且对于捕获图像时引入的噪声干扰（包括脉冲噪声、高斯噪声及其混合噪声）具有一定的鲁棒性。本章所提出的 RDER 模型可描述为：

$$\frac{\partial I(x,y,t)}{\partial t}=\nabla(g(|\nabla G_\sigma * I|)\nabla I)+Pf(I) \tag{6-14}$$

式中：P 为常数，$P=1/|\nabla I|$，能够自适应地增强图像的细节信息（如边缘、纹理等）；G_σ 表示高斯平滑核函数，即

$$G_\sigma(x,\ y)=\frac{1}{2\pi\sigma^2}\exp(-\frac{(x^2+y^2)}{2\sigma^2}) \tag{6-15}$$

式中：σ 为平滑尺度因子；x 与 y 表示图像中像素点的位置；扩散函数 $g(|x|)$ 满足公条件：$g(|x|)=\frac{1}{1+\mu x^2}$ 且 $\mu=|\nabla G_\sigma|$。

在上式中，反应项 $f(I)$ 描述一个量化过程。为提高算法效率，可由参数 P 来控制且该参数能够自适应地调节。所以 $Pf(I)$ 可描述如下情况：当梯度较大时，图像中包含较多边缘、细节信息，量化过程较慢；当梯度较小时，图像中平滑部分较多，量化过程较快。

因为图像的灰度值在一定数值范围内的特征属于高斯分布，所以我们采用 Lloyd 最大化方法来设计图像量化器 Q_s[63]。本章使用 $f(x)$ 描述量化器 Q_s：

$$f(x)=\begin{cases}-(n_1-x), & x\leqslant n_1\\ -\dfrac{\exp(-x)\sin[(x-n_s)(x-m_s)]\cos[(x-n_s)(x-m_s)]}{m_s-n_s}, & x\in[n_s,m_s)\\ \dfrac{\exp(-x)\sin[(x-n_{s+1})(x-m_s)]\cos[(x-n_{s+1})(x-m_s)]}{n_{s+1}-m_s}, & x\in[m_s,n_{s+1})\\ -(x-n_{s+1}), & x\geqslant n_{s+1}\end{cases} \tag{6-16}$$

式中：s 为量化器 Q_s 的量化级数，本章中量化级数取值为 $s=3$；量化器 Q_s 的代码字和分离项满足：$n_1<m_1<n_2<m_2<\cdots<n_s<m_s<n_{s+1}$。

由于仿真实验的运算需求，将连续 RDER 模型离散化，可将其可扩展为：

$$\frac{\partial I}{\partial t}=g^*(I)\Delta I+\nabla g^*(I)\ \nabla I+Pf(I) \tag{6-17}$$

式中：$g^*(I)=g(|\nabla G_\sigma * I^k|)$。

由其差分格式推导，离散 RDER 模型描述如下：

$$\frac{I_{i,j}^{n+1}-I_{i,j}^n}{\tau}=\frac{(g^*)_{i,j}^n}{h}\{2[(I_{i+1,j}^n+I_{i-1,j}^n)+(I_{i,j+1}^n+I_{i,j-1}^n)]+(I_{i+1,j+1}^n+I_{i-1,j-1}^n)+(I_{i+1,j-1}^n+I_{i-1,j+1}^n)-12I_{i,j}^n\}+(g_x^*)_{i,j}^n(I_x)_{i,j}^n+(g_y^*)_{i,j}^n(I_y)_{i,j}^n+Pf(I_{i,j}^n) \tag{6-18}$$

式中：τ 和 h 分别表示时间步长因子和空间步长因子（τ 和 h 的取值将在实验分析部分给出）；截断误差为 $O(\tau+h^2)$，且该差分格式满足 L^∞ 稳定性（其稳定性证明将在下一小节模型分析部分给出）。

1. RDER 模型对于降质图像的复原能力

令 η 表示图像中的法线单位向量，ξ 表示图像中的切线单位向量，图 6-3 为图像的法向量和切向量示意图[64-65]。其中图像 I 的梯度可由下式表示：

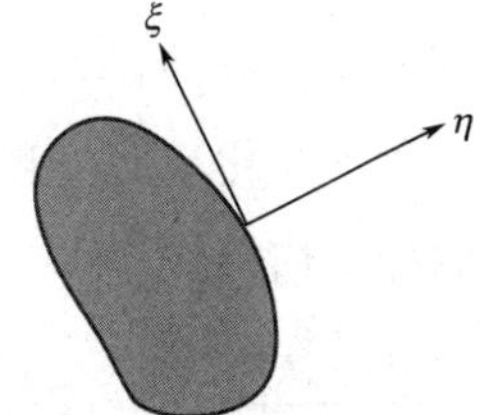

图 6-3　图像的法向量和切向量

$$\eta = \frac{(I_x,\ I_y)}{\sqrt{I_x^2 + I_y^2}},\ \xi = \frac{(-I_y,\ I_x)}{\sqrt{I_x^2 + I_y^2}} \tag{6-19}$$

关于 $I(x,\ y)$ 的二阶导数为：

$$I_{\eta\eta} = \frac{I_x^2 I_{xx} + 2I_x I_y I_{xy} + I_y^2 I_{yy}}{I_x^2 + I_y^2},\ I_{\xi\xi} = \frac{I_y^2 I_{xx} - 2I_x I_y I_{xy} + I_x^2 I_{yy}}{I_x^2 + I_y^2} \tag{6-20}$$

扩散过程如下：

$$\frac{\partial I}{\partial t} = \nabla\cdot(\nabla I) = I_{\mu\mu} + I_{\xi\xi} \tag{6-21}$$

若分别只按照切向和法向扩散，则：

$$\frac{\partial I}{\partial t} = I_{\xi\xi}, \frac{\partial I}{\partial t} = I_{\mu\mu} \tag{6-22}$$

如果图像中像素点满足：

$$|\nabla G_\sigma \cdot I| \geqslant \alpha \tag{6-23}$$

则表明该像素点在图像边缘上（即为图像的边缘），则：

$$|\nabla G_\sigma \cdot I| \approx |\nabla I| \tag{6-24}$$

其扩散项可用下式来表示：

$$\begin{aligned}\nabla(g(|\nabla G_\sigma * I|)\nabla I) &\approx g(|\nabla I|)\ [1+(|I|g'(|\nabla I|))/g(|\nabla I|)]\ I_{\eta\eta}+g(|\nabla I|)I_{\xi\xi} \\ &\approx g(|\nabla I|)I_{\xi\xi}\end{aligned} \tag{6-25}$$

如果像素点被模糊或者受到噪声干扰，则：

$$|\nabla G_\sigma \cdot I| < \alpha \tag{6-26}$$

其扩散项可由下式表示：

$$\nabla(g(|\nabla G_\sigma \cdot I|)\ \nabla I) \approx \Delta I \tag{6-27}$$

由此可见，扩散项可同向异性扩散。因此，RDER 模型能够复原图像的质量同时还保护图像的边缘与细节信息，证明其对于降质图像具有复原能力。

2. RDER 模型的解的存在性

为了证明 RDER 模型的解的存在性、稳定性和唯一性，我们考虑在图像中进行周期延拓（即令函数 $I \in C([0,\ T] \times R^2)$，且 $T>0$），此时求 RDER 模型的黏性解。

为了简化证明过程，公式（6-14）中常参数 σ，μ 与 P 取值为 $\sigma=\mu=P=1$，则考虑如下柯西式[57]：

$$\frac{\partial I(x,t)}{\partial t} = \frac{\partial g}{\partial l}(|\nabla G_\sigma \cdot I|)[(|\nabla G_{\sigma x_l} \cdot I|) \cdot \nabla I] + f(I), x \in R^2, t \in R_+ \quad (6-28)$$

$$I(x,0) = I_0(x), \qquad x \in R^2 \quad (6-29)$$

其中，

$$G_\sigma(x,y) = \frac{1}{2\pi}\exp(-\frac{(x^2+y^2)}{2}) \quad (6-30)$$

$$g(|x|) = (1+x^2) \quad (6-31)$$

设 $I(x,\ t)$ 与 $v(x,\ t)$ 为 RDER 模型的两个黏性解，此时对于所有满足 $\phi \in C^2(R^2 \times R)$ 且在任意点 $(x_0,\ t_0) \in R^2 \times (0,\ T]$，$I-\phi$ 具有最大值，即：

$$\frac{\partial \phi(x_0,t_0)}{\partial t} - \frac{\partial g}{\partial l}[(|\nabla G_\sigma \cdot I|)(x_0,t_0)][(|\nabla G_{\sigma x_l} \cdot I|)(x_0,t_0) \cdot \nabla\phi(x_0,t_0)] - f(I)(x_0,t_0) \leqslant 0, \quad if\ \nabla\phi(x_0,t_0) \neq 0 \quad (6-32)$$

$$\frac{\partial \phi(x_0,t_0)}{\partial t} - f(I)(x_0,t_0) \leqslant 0, \quad if\ \nabla\phi(x_0,t_0) = 0 \quad (6-33)$$

定理 1：令 $I_0(x) \in W^{1,\infty}(R^2) \cap C(R^2)$，对任意的 $T \in [0,\ +\infty]$，RDER 模型有唯一的黏性解 $I(x,\ t) \in L^\infty(0,\ T,\ W^{1,\infty}(R^2)) \cap C([0,\ T] \times R^2)$，且对于任意的 $x \in R^2$，满足：

$$\inf_{x \in R^2} I_0 \leqslant I(x,\ t) \leqslant \sup_{x \in R^2} I_0 \quad (6-34)$$

此外，如果 $v(x,\ t)$ 是初值为 v_0 的 RDER 模型的黏性解，且 $v_0(x) \in W^{1,\infty}(R^2) \cap C(R^2)$，则对于任意的 $T \in [0,\ +\infty]$，有：

$$\sup_{0 \leqslant t \leqslant T} \| I(x,\ t) - v(x,\ t) \|_{L^\infty} \leqslant \| I_0(x) - v_0(x) \|_{L^\infty} \quad (6-35)$$

证明：如果 $I(x,\ t)$ 是公式（6-28）在 $R^2 \times R^+$ 上的黏性解，则：

$$\inf_{R^2} I_0 \leqslant I \leqslant \sup_{R^2} I_0, \qquad R^2 \times [0,\ +\infty) \quad (6-36)$$

令式（6-32）中 $\phi=\sup\limits_{R^2} I+\delta t(\delta>0)$，设（$I-\phi$）在点（$x_0$，$t_0$）且 $T>0$ 处取得最大值，则 $\nabla\phi(x_0, t_0)=0$，$\frac{\partial\phi(x_0,t_0)}{\partial t}\leqslant 0$，这与在 $R^2\times(0, +\infty]$ 上 $\frac{\partial\phi}{\partial t}\equiv\delta>0$ 矛盾。因此，$I(x, t)-\phi(x, t)$ 在 $t_0=0$ 时取得最大值，即：

$$I(x, t)-\phi(x, t)\leqslant \sup(I_0-\sup_{R^2} I_0) \tag{6-37}$$

则：

$$I(x, t)\leqslant \sup_{R^2} I_0+\delta t \tag{6-38}$$

同理，有：

$$I(x, t)\geqslant \inf_{R^2} I_0-\delta t \tag{6-39}$$

令 $\delta\to 0$，即可得下式：

$$\inf_{x\in R^2} I_0\leqslant I(x, t)\leqslant \sup_{x\in R^2} I_0 \tag{6-40}$$

下面给出梯度估计的近似解，考虑下面的柯西式：

$$\frac{\partial I^\varepsilon}{\partial t}=\frac{\partial g^\varepsilon}{\partial l(|\nabla G_\sigma\cdot I^\varepsilon|)[(|\nabla G_{\sigma x_l}\cdot I^\varepsilon|)\cdot\nabla I^\varepsilon]}-Pf(I^\varepsilon) \tag{6-41}$$

$$I^\varepsilon(x, 0)=I_0^\varepsilon(x),\ x\in R^2 \tag{6-42}$$

其中 $0<\varepsilon<1$，$g^\varepsilon(s)=g(s)+\varepsilon$，$I^\varepsilon\in C^\infty(R^2)$，对于 $I^\varepsilon\to I$ 有：

$$\|\nabla I_0^\varepsilon\|_{L^\infty(R^2)}\leqslant\|\nabla I_0\|_{L^\infty(R^2)} \tag{6-43}$$

$$\|I_0^\varepsilon\|_{L^\infty(R^2)}\leqslant\|I_0\|_{L^\infty(R^2)} \tag{6-44}$$

根据拟线性抛物方程的特征，公式 $\frac{\partial I^\varepsilon}{\partial t}=\frac{\partial g^\varepsilon}{\partial l(|\nabla G_\sigma\cdot I^\varepsilon|)[(|\nabla G_{\sigma x_l}\cdot I^\varepsilon|)\cdot\nabla I^\varepsilon]}-Pf(I^\varepsilon)$ 具有光滑解 $I^\varepsilon\in C^\infty([0, \infty)\times R^2)$，且对于 x_k 求微分，并于公式两边均乘以 $2I^\varepsilon_{x_k}$，则有：

$$\begin{aligned}&\frac{\partial|I^\varepsilon|^2}{\partial t}-\frac{\partial g^\varepsilon}{\partial l}(|\nabla G_\sigma\cdot I^\varepsilon|)(|\nabla G_{\sigma x_l}\cdot I^\varepsilon|)\cdot(\nabla|\nabla I^\varepsilon|^2)-Pf(I^\varepsilon)\frac{\partial|I^\varepsilon|^2}{\partial t}\\&=\frac{2\partial g^\varepsilon}{\partial l}(|\nabla G_\sigma\cdot I^\varepsilon|)[(|\nabla G_{\sigma x_l}\cdot I^\varepsilon|)\cdot\nabla I^\varepsilon]\cdot I^\varepsilon_{x_k}-2Pf(I^\varepsilon)(\nabla I^\varepsilon)\cdot I^\varepsilon_{x_k}\end{aligned} \tag{6-45}$$

由 g^ε 和 G_σ 的定义可知：

$$\left|\frac{\partial g^\varepsilon}{\partial l}(|\nabla G_\sigma\cdot I^\varepsilon|)\right|^2\leqslant 2g^\varepsilon(|\nabla G_\sigma\cdot I^\varepsilon|) \tag{6-46}$$

对于任意 α，当 $|\alpha|<2$ 时，有：

$$\sup_{R^2\times R^+} |\nabla^{\alpha} G_{\sigma} * I^{\varepsilon}| \leqslant C \tag{6-47}$$

式中：C 是常数，且 $C>0$，根据柯西不等式，有：

$$g(|\nabla G_{\sigma} * I^{k}|) \leqslant C(|\nabla I^{\varepsilon}|^{2} + 1), \quad \text{in } R^{2} \times R^{+} \tag{6-48}$$

C 仅与初始条件 I_0 有关，利用 Cauchy-Schwarz 不等式和最大值原理，得：

$$\|\nabla I^{\varepsilon}(\cdot, t)\|_{L^{\infty}(R^2)} \leqslant \exp(C_t)\|\nabla I_0^{\varepsilon}\|_{L^{\infty}(R^2)} \leqslant \exp(C_T)\|\nabla I_0\|_{L^{\infty}(R^2)} \leqslant C_T \tag{6-49}$$

式中：C_t 为非负常数，C_T 仅与 T、初始条件 I_0 有关，因此，对于任意 $(x, y) \in R^2$ 和 $t \in [0, T]$，有：

$$|I^{\varepsilon}(x, t) - I^{\varepsilon}(y, t)| \leqslant C_T |x - y| \tag{6-50}$$

和

$$|I^{\varepsilon}(x, t) - I^{\varepsilon}(y, s)| \leqslant C_T |x - s|^{1/2} \tag{6-51}$$

根据 Ascoli-Arzela 定理，存在函数：

$$I(x, t) \in C(R^2 \times [0, T)) \cap L^{\infty}(w^{1,\infty}(R^2); 0, T) \tag{6-52}$$

其中 $\varepsilon \to 0$，I^{ε} 一致收敛于 $I(x, t)$。

下面证明 $I(x, t)$ 是公式 $g(|x|) = (1+x^2)$ 的黏性解。令 $\Phi \in C^2(R^2 \times R)$，设 $I - \Phi$ 在 $(x_0, y_0) \in R^2 \times R_+$ 有局部最大值，且 $I^{\varepsilon_k} \to I$，$I^{\varepsilon_k} - \Phi$ 在点 (x_k, y_k) 处有局部最大值，因此，当 $k \to \infty$ 时有 $(x_0, y_0) \to (x_k, y_k)$，在点 (x_k, y_k) 处有 $\nabla I^{\varepsilon_k} = \nabla \Phi$，$I_t^{\varepsilon_k} = \Phi_t$，则：

$$\frac{\partial \Phi}{\partial t} - \frac{\partial g^{\varepsilon_k}}{\partial l}(|\nabla G_{\sigma} \cdot I^{\varepsilon_k}|)[(|\nabla G_{\sigma x_l} \cdot I^{\varepsilon_k}|) \cdot \nabla \Phi] - Pf(I^{\varepsilon_k}) \leqslant 0 \tag{6-53}$$

如果 $\nabla \Phi(x_0, t_0) \neq 0$，上式变形为：

$$\frac{\partial \Phi}{\partial t} - \frac{\partial g}{\partial l}(|\nabla G_{\sigma} \cdot I|)[(|\nabla G_{\sigma x_l} \cdot I|) \cdot \nabla \Phi] - Pf(I) \leqslant 0, \text{ at } (x_0, t_0) \tag{6-54}$$

如果 $\nabla \Phi(x_0, t_0) = 0$，则上式变形为：

$$\frac{\partial \Phi}{\partial t}/ - Pf(I^{\varepsilon_k}) \leqslant 0, \text{at } (x_k, t_k) \tag{6-55}$$

由于 $\nabla \Phi(x_k, t_k) \to 0$，$\varepsilon_k \to 0$，$k \to \infty$，因此 I^{ε} 一致收敛于 $I(x, t)$；因为 $I(x, t)$ 是公式 $g(|x|) = (1+x^2)$ 的黏性解，所以 RDER 模型存在解。

至此，RDER 模型的解的存在性证毕。

3. RDER 模型的解的稳定性

定理 2：令 M_1，M_2 满足 $M_1<n_1<n_{q+1}<M_2$，且 $s_\tau>0$，$s_h>0$，对于 $\tau \leqslant s_\tau$，$h \leqslant s_h$，

如果 $M_1 < \| I^n \|_\infty < M_2$，则下式成立。

$$M_1 < \| I^n \|_\infty < M_2 (n = 0, 1, 2, \cdots) \tag{6-56}$$

证明：令 $\tau/h = \varepsilon$，本章中使用 $\Psi_{u,v}$（其中 $-1 \leqslant u$，$v \leqslant 1$，且 $u^2+v^2 \neq 0$）表示公式 $\frac{\partial I}{\partial t} = \nabla \cdot (\nabla I) = I_{\mu\mu} + I_{\xi\xi}$ 的系数，则公式 $\frac{\partial I}{\partial t} = \nabla \cdot (\nabla I) = I_{\mu\mu} + I_{\xi\xi}$ 可变形为：

$$I_{i,j}^{n+1} = I_{i,j}^n (1 - 12\varepsilon (g^*)_{i,j}^n) + \sum_{\substack{-1 \leqslant u, v \leqslant 1 \\ u^2+v^2 \neq 0}} \psi_{u,v} I_{i+u,j+v}^n + P\tau f(I_{i,j}^n) \tag{6-57}$$

式中：

$$\psi_{1,0} = 2\varepsilon (g^*)_{i,j}^n + \frac{\varepsilon h}{2} (g_x^*)_{i,j}^n,\ \psi_{0,1} = 2\varepsilon (g^*)_{i,j}^n + \frac{\varepsilon h}{2} (g_y^*)_{i,j}^n$$

$$\psi_{-1,0} = 2\varepsilon (g^*)_{i,j}^n - \frac{\varepsilon h}{2} (g_x^*)_{i,j}^n,\ \psi_{0,-1} = 2\varepsilon (g^*)_{i,j}^n - \frac{\varepsilon h}{2} (g_y^*)_{i,j}^n$$

$$\psi_{1,1} = \varepsilon (g^*)_{i,j}^n + \frac{\varepsilon h}{4} (g_x^*)_{i,j}^n + \frac{\varepsilon h}{4} (g_y^*)_{i,j}^n,\ \psi_{-1,-1} = \varepsilon (g^*)_{i,j}^n - \frac{\varepsilon h}{4} (g_x^*)_{i,j}^n - \frac{\varepsilon h}{4} (g_y^*)_{i,j}^n$$

$$\psi_{1,-1} = \varepsilon (g^*)_{i,j}^n + \frac{\varepsilon h}{4} (g_x^*)_{i,j}^n - \frac{\varepsilon h}{4} (g_y^*)_{i,j}^n,\ \psi_{-1,1} = \varepsilon (g^*)_{i,j}^n - \frac{\varepsilon h}{4} (g_x^*)_{i,j}^n + \frac{\varepsilon h}{4} (g_y^*)_{i,j}^n$$

由于 $g(0) = 1$ 且 $\lim\limits_{x \to +\infty} g(x) = 0$，因此当 $g \leqslant 1$，则：

$$1 - 12\varepsilon \leqslant 1 - 12\phi (g^*)_{i,j}^n < 1 \tag{6-58}$$

假设下列不等式成立：

$$1 - 12\varepsilon - \tau\alpha \geqslant 0 \tag{6-59}$$

令 $M^* = \max\{-M_1, M_2\}$ 且 $M_* = \max\{-M_2, M_1\}$，则有：

$$M_* \varepsilon < \sum_{u,v} \psi_{u,v} I_{i+u,j+v}^n < M^* \varepsilon \tag{6-60}$$

（1）若 $n_{q+1} \leqslant I_{i,j}^n < M_2$。由 $f(x)$ 定义可推导得：

$$I_{i,j}^{n+1} = I_{i,j}^n (1 - 12\varepsilon (g^*)_{i,j}^n - P\alpha\tau) + \sum_{\substack{-1 \leqslant u, v \leqslant 1 \\ u^2+v^2 \neq 0}} \psi_{u,v} I_{i+u,j+v}^n + P\alpha\tau n_{s+1} \tag{6-61}$$

根据上述公式有：

$$M_1 - M_1 P\alpha\tau + M_* \varepsilon < I_{i,j}^{n+1} < M_2 - M_2 P\alpha\tau + M^* \varepsilon + P\alpha\tau n_{s+1} \tag{6-62}$$

如果满足下述条件：

$$h \geqslant \max\left\{ \frac{M_*}{P\alpha M_1}, \frac{M^*}{P\alpha (n_{s+1} - M_2)} \right\} \tag{6-63}$$

则有 $M_1 < I_{i,j}^{n+1} < M_2$。

（2）若 $n_1 \leqslant I_{i,j}^n < n_{q+1}$。假设函数 $f(x)$ 在 $[n_1, n_{s+1}]$ 区间的上界分别为 β 和 γ，则：

$$n_1(1 - 12\varepsilon(g^*)_{i,j}^n) + M_*\varepsilon + \tau\gamma < I_{i,j}^{n+1} < n_{s+1}(1 - 12\varepsilon(g^*)_{i,j}^n) + M^*\varepsilon + \tau\beta \tag{6-64}$$

有：

$$n_1 + M_*\varepsilon + \tau\gamma < I_{i,j}^{n+1} < n_{s+1} + M^*\varepsilon + \tau\beta \tag{6-65}$$

如果满足下述条件：

$$\tau \cdot (M_*/h + \gamma) \geqslant M_1 - n_1 \tag{6-66}$$

$$\tau \cdot (M^*/h + \beta) \leqslant M_2 - n_{s+1} \tag{6-67}$$

则有 $M_1 < I_{i,j}^{n+1} < M_2$。

（3）若 $M_1 \leqslant I_{i,j}^n < n_1$。推导过程同（a）所示，如果满足下述条件：

$$h \geqslant \max\{M^*/P\alpha M_2,\ -M_*/P\alpha(M_1 - n_1)\} \tag{6-68}$$

则有 $M_1 < I_{i,j}^{n+1} < M_2$。

由上述条件公式推导得：

$$h \geqslant \max\{M^*/P\alpha(n_{s+1} - M_2),\ -M_*/P\alpha(M_1 - n_1)\} \overset{\text{def}}{=} s_h \tag{6-69}$$

$$\tau \leqslant \min\{1/\alpha(1 + 12P),\ 1/(\gamma/(M_1 - n_1) - P\alpha),\ 1/(\beta/(M_2 - n_{s+1}) - P\alpha)\} \overset{\text{def}}{=} s_\tau \tag{6-70}$$

所以公式 $\dfrac{\partial I}{\partial t} = \nabla \cdot (\nabla I) = I_{\mu\mu} + I_{\xi\xi}$ 满足 L^∞ 稳定性。

至此，RDER 模型的解的稳定性证毕。

4. RDER 模型的解的唯一性

证明：根据前面的定理 1，设 $x, y \in R^2$，$t \in [0, T]$，$\varepsilon > 0$，$\lambda > 0$，$\sigma > 0$，I_0 和 v_0 是黏性解 $I(x, y)$ 和 $v(x, y)$ 的初始条件，令：

$$w(x, y, t) = I(x, t) - v(y, t) \tag{6-71}$$

$$\varphi(x, y, t) = \frac{|x - y|^4}{\varepsilon} - \lambda t \tag{6-72}$$

$$\varepsilon = (\sigma \sup_{[0,T]\times R^2} |I - v|)^3 \tag{6-73}$$

$$\lambda = \sigma \sup_{[0,T]\times R^2} |I - v| \tag{6-74}$$

假设 $w-\varphi$ 在点（x_0，y_0，t_0）处取得局部最大值，在 $t_0=0$ 处 $w-\varphi$ 有最大值,则：

$$w(x, y, t) - \varphi(x, y, t) \leqslant w(x_0, y_0, 0) - \varphi(x_0, y_0, 0) \tag{6-75}$$

即

$$I(x, t) - v(y, t) - \frac{|x-y|^4}{\varepsilon} - \lambda t \leqslant \sup_{x, y \in R^2} \left(I_0(x) - v_0(y) - \frac{|x-y|^4}{\varepsilon}\right) \tag{6-76}$$

特别地，上式中当 $x=y$ 时，有：

$$I(x, t) - v(x, t) - \frac{|x-y|^4}{\varepsilon} - \lambda t \leqslant \sup_{x, y \in R^2} \left(|I_0 - v_0| + \frac{|x_0-y_0|^4}{\varepsilon} + \lambda t\right) \tag{6-77}$$

合并上述公式，得：

$$I(x, t) - v(x, t) - \frac{|x-y|^4}{\varepsilon} - \lambda t \leqslant \sup_{x, y \in R^2} |I_0 - v_0| + \sigma T \sup_{x,y \in R^2} |I_0 - v_0| + \sigma L^{\frac{4}{3}} \sup_{x, y \in R^2} |I_0 - v_0| \tag{6-78}$$

在 $R^2 \times [0, T]$ 中，将以上各式中 I 与 v 互换，即 $w(x, y, t)=v(x, t)-I(y, t)$，则可导出：

$$|x_0 - y_0| = \sqrt[3]{\varepsilon L} \tag{6-79}$$

式中：L 是 Lipschitz 常数[66]。

令 $\sigma=0$，则有：

$$\sup_{0 \leqslant t \leqslant T} \| I(x, t) - v(x, t) \|_{L^\infty} \leqslant \| I_0(x) - v_0(x) \|_{L^\infty} \tag{6-80}$$

令 $I_0=v_0$，则可推导得公式 $I(x, t)-\phi(x, t) \leqslant \sup(I_0 - \sup_{R^2} I_0)$ 中的 $I=v$。

至此，RDER 模型的解的唯一性证毕。

总结并归纳 RDER 模型的性质，根据本章节关于运动模糊降质图像复原模型的描述，建立基于 RDER 的降质图像去除运动模糊的数学模型，则离散 RDER 模型中 $(I_x)_{i,j}$ 与 $(I_y)_{i,j}$ 的定义如下：

$$(I_x)_{i, j} = \frac{2(I_{i+1, j} - I_{i-1, j}) + I_{i+1, j+1} - I_{i-1, j+1} + I_{i+1, j-1} - I_{i-1, j-1}}{4} \tag{6-81}$$

$$(I_y)_{i, j} = \frac{2(I_{i, j+1} - I_{i, j-1}) + I_{i+1, j+1} - I_{i+1, j-1} + I_{i-1, j+1} - I_{i-1, j-1}}{4} \tag{6-82}$$

二、算法设计

根据 RDER 模型，并结合运动模糊的特征，设计基于反应扩散理论的运动模糊降质图像复原算法，其步骤见表 6-1。

表 6-1 运动模糊降质图像复原算法步骤

算法 2	运动模糊降质图像复原算法
输入	运动模糊降质图像 I，其大小为 $M\times N$
输出	去除运动模糊的复原图像 $\boldsymbol{y}_o$，其大小为 $M\times N$
步骤	
第 1 步	选取待复原的降质图像 I 中（即 $M\times N$ 个像素点集合）第 K 个像素点 $g(i,\ j)$ （注：$0\leqslant i<M$ 且 $0<j\leqslant N$；$K=i\cdot N+j$ 且 $0<K\leqslant M\cdot N$）
第 2 步	初始化或重置相关参数：σ，τ，h
第 3 步	预处理阶段 1（即求解决策量化器），对第 K 个像素点进行如下操作 ①计算降质图像 I 的直方图 $H(I)$ ②根据直方图 $H(I)$，决策量化器 Q_s
第 4 步	预处理阶段 2（即求解图像的模糊算子），对第 K 个像素点进行如下操作 ①根据公式（6-15）求解高斯平滑核函数 ②根据公式（6-17）计算 $g^*(I)$
第 5 步	运动模糊去除阶段，对第 K 个像素点进行如下操作 求解 RDER 模型的差分格式，利用 RDER 模型估计并恢复该像素点的像素值，去除降质图像中该像素点的运动模糊
第 6 步	判断运动模糊降质图像 I 中是否所有像素点均完成运动模糊降质图像复原操作 ①若整副图像处理未完成，则转至第 1 步操作，并选取第 K+1 个待处理像素点 ②若整副图像处理完毕，则继续第 7 步操作
第 7 步	输出去除运动模糊后的复原图像 $\boldsymbol{y}_o$

三、算法流程

基于反应扩散理论的运动模糊降质图像复原算法的执行流程如图 6-4 所示。

四、实验与分析

1. 实验说明

针对本章所提出的基于反应扩散理论的运动模糊降质图像复原模型及算法，以 Matlab7.8 为测试平台完成仿真实验，选取国际通用的典型标准测试图像（包括一幅灰度图像 Lena 与一幅彩色图像 Girl），另选取一幅航拍灰度图像 Spacephoto 与一幅自拍彩色图像 Clubs，其大小均为 256×256，如图 6-5 所示。

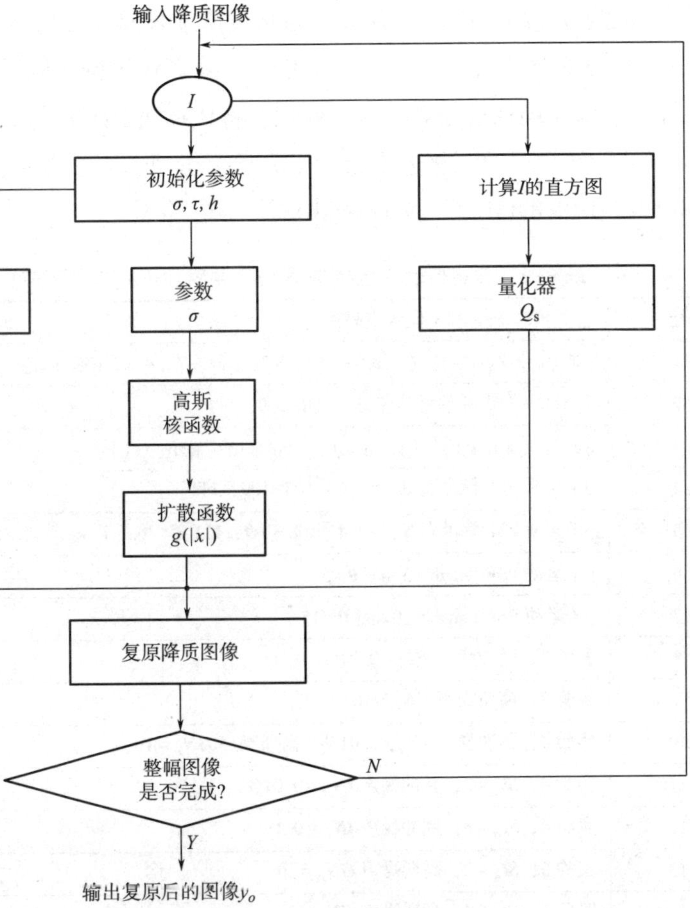

输入降质图像

I

初始化参数
σ, τ, h

计算I的直方图

参数
τ, h

参数
σ

量化器
Q_s

高斯
核函数

扩散函数
$g(|x|)$

复原降质图像

整幅图像
是否完成?

N

Y

输出复原后的图像y_o

图 6-4　运动模糊降质图像复原算法的执行流程

图 6-5　典型的测试图像 Lena，Spacephoto，Girl 及 Clubs

图像在运动模糊降质过程中可能同时受到各类噪声干扰（包括脉冲噪声、高斯噪声及其混合噪声），表 6-2 列出了在实验中选取各类模糊 PSF[67-69] 及附加噪声

（高斯噪声均值为0）的情况。仿真实验为量度降质图像的复原质量，采用峰值信噪比（PSNR）和噪声抑制均方误差（MSENS）来客观评价复原图像的质量。为测评本章所提出的降质图像复原算法的有效性，将该算法 RDER 与其他常见表现较好的模糊降质图像复原算法进行对比实验，这些算法包括 RI－BM3D[67]，BM3DDEB[67]，IDD-BM3D[68] 及 ForWaRD[69]。

表 6-2　实验列表（包括各类 PSF 并附加不同强度噪声）

实验号	各类模糊 PSF 和不同程度噪声
实验 1	psf $(x_1,\ x_2)=1/(1+x_1{}^2+x_2{}^2)$，$x_1$，$x_2=-7$，…7［108-109，111］
实验 2	psf 是一个 9×9 的潜动窗口［108-109，111］
实验 3	psf=［1 4 6 4 1］^{T}［1 4 6 4 1］/256［108-109，111］
实验 4	psf 高斯 PSF 标准差 $\boldsymbol{St}_\sigma=1.6$［108-109，111］
实验 5	psf 高斯 PSF 标准差 $\boldsymbol{St}_\sigma=0.4$［108-109，111］
实验 6	psf 运动 PSF length=5 and $\boldsymbol{\theta}=5°$
实验 7	psf 运动 PSF length=10 and $\boldsymbol{\theta}=15°$
实验 8	实验 1，脉冲噪声 $\boldsymbol{IN_\sigma}=0.01\%$
实验 9	实验 2，高斯噪声 $\boldsymbol{GN_\sigma}=10$
实验 10	实验 4，脉冲噪声 $\boldsymbol{IN_\sigma}=0.01\%$，高斯噪声 $\boldsymbol{GN_\sigma}=10$
实验 11	实验 4，$\boldsymbol{St}_\sigma=2$，脉冲噪声 $\boldsymbol{IN_\sigma}=0.01\%$
实验 12	实验 4，$\boldsymbol{St}_\sigma=8$，脉冲噪声 $\boldsymbol{IN_\sigma}=0.1\%$
实验 13	实验 5，$\boldsymbol{St}_\sigma=2$，高斯噪声 $\boldsymbol{GN_\sigma}=10$
实验 14	实验 5，$\boldsymbol{St}_\sigma=4$，高斯噪声 $\boldsymbol{GN_\sigma}=30$
实验 15	实验 5，$\boldsymbol{St}_\sigma=8$，高斯噪声 $\boldsymbol{GN_\sigma}=50$
实验 16	实验 7，length=5，$\boldsymbol{\theta}=10°$，高斯噪声 $\boldsymbol{GN_\sigma}=20$
实验 17	实验 6，length=5，$\boldsymbol{\theta}=5°$，脉冲噪声 $\boldsymbol{IN_\sigma}=0.1\%$
实验 18	实验 4，$\boldsymbol{St}_\sigma=2$，$\boldsymbol{IN_\sigma}=0.001\%$，高斯噪声 $\boldsymbol{GN_\sigma}=10$
实验 19	实验 5，$\boldsymbol{St}_\sigma=10$，$\boldsymbol{IN_\sigma}=0.01\%$，高斯噪声 $\boldsymbol{GN_\sigma}=10$
实验 20	实验 6，length=5，$\boldsymbol{\theta}=10°$，$\boldsymbol{IN_\sigma}=0.001\%$，and $\boldsymbol{GN_\sigma}=20$

本章实验的参数取值如下：实验 5 中 Lena 图像模糊降质，根据公式（6-15）展示的平滑尺度因子 σ 与 PSNR 的变化关系，获知 σ 取值为 1；根据公式（6-18）展示的时间步长因子 τ、空间步长因子 h 与 PSNR 的变化关系（当 $\tau=5$ 或 $h=400$ 时，PSNR 分别取到最大值），获知 τ 取值为 5 和 h 取值为 400。如图 6-6 所示。

图 6-5 所列各测试图像分别受到表 6-2 所列模糊降质因素影响，将本章所提出

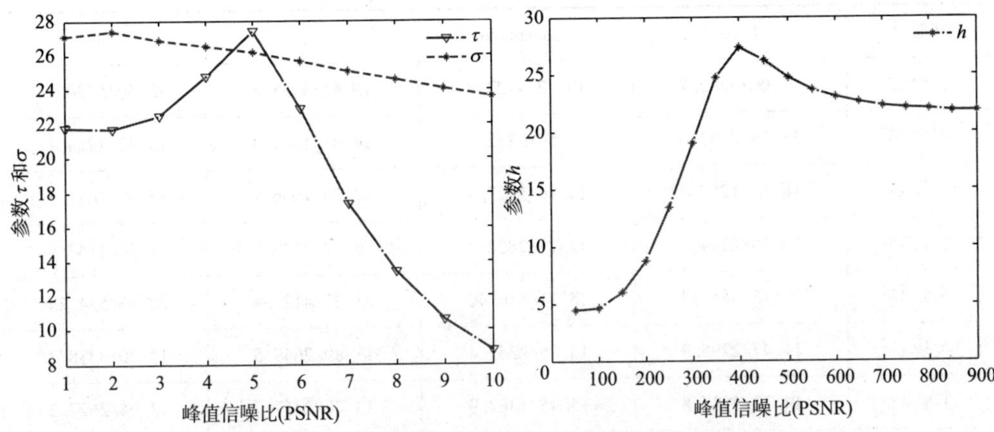

图 6-6 参数 σ，τ，h 与 PSNR 间变化关系的曲线图

的基于反应扩散理论的运动模糊降质图像复原算法应用于这些降质图像，图像复原后其质量评价指标 PSNR 与 MSENS 被列出（表 6-3）。

表 6-3 各测试图像受各类 PSF 并附加不同强度噪声影响降质再由 RDER 算法将其复原后的 PSNR（dB）和 MSENS

实验号	Lena	Spacephoto	Girl	Clubs
实验 1	20. 21/511. 72	18. 98/667. 63	24. 68/195. 81	14. 02/2594. 5
实验 2	21. 44/385. 68	18. 00/836. 54	24. 01/226. 56	19. 08/816. 29
实验 3	22. 88/277. 07	20. 21/503. 17	29. 45/64. 34	13. 80/2721. 8
实验 4	20. 92/434. 64	19. 14/644. 43	25. 87/148. 23	13. 36/3014. 7
实验 5	39. 85/7. 00	35. 28/15. 66	46. 70/1. 2257	22. 42/374. 65
实验 6	24. 25/202. 04	21. 01/418. 97	30. 31/52. 86	15. 24/1953. 2
实验 7	21. 08/419. 51	19. 20/635. 18	26. 24/134. 77	13. 68/2791. 3
实验 8	19. 04/671. 43	19. 91/626. 05	21. 42/408. 47	13. 98/2. 6157
实验 9	21. 42/387. 68	19. 00/697. 73	23. 93/231. 11	19. 07/817. 92
实验 10	24. 03/212. 43	18. 62/727. 24	24. 67/192. 99	21. 74/443. 85
实验 11	14. 10/2094. 0	13. 36/2438. 7	13. 68/2426. 5	12. 50/3661. 7

续表

实验号	Lena	Spacephoto	Girl	Clubs
实验 12	11.00/4272.7	10.77/4427.9	10.61/4918.5	10.56/5720.7
实验 13	13.78/2252.6	13.56/2332.2	14.81/1871.3	15.32/1914.1
实验 14	16.32/1257.4	14.86/1727.4	17.39/1036.1	15.93/1681.5
实验 15	13.75/2244.2	12.72/2828.1	13.17/2730.1	11.97/4133.9
实验 16	20.45/485.57	18.11/816.40	21.37/412.55	20.56/574.25
实验 17	14.47/2295.9	13.85/2253.4	13.89/2649.5	13.20/3238.3
实验 18	14.32/1987.8	15.45/1387.9	13.70/2417.7	13.94/2627.2
实验 19	17.64/965.31	16.38/1218.0	18.70/766.68	16.01/1664.8
实验 20	11.72/3616.9	11.34/3886.5	11.02/4488.5	11.59/4512.0

2. 实验结果及评价

将本章所提出的降质图像复原算法 RDER 与其他常见算法（包括 RI-BM3D，BM3DDEB，IDD-BM3D 及 ForWaRD）在图像模糊去除能力和图像细节信息保护能力方面进行性能比较。针对各类运动模糊并附加噪声干扰影响的测试图像进行图像复原操作，给予降质图像复原质量以客观评价（包括 PSNR 和 MSENS）与主观评价。

（1）标准灰度图像的去模糊实验。对于标准灰度测试图像 Lena，受表 6-2 所列各种 PSF 和噪声干扰影响导致其图像模糊降质，使用常见表现较好的降质图像复原算法 RI-BM3D，BM3DDEB，IDD-BM3D，ForWaRD 及本章所提出的算法 RDER 对其进行图像复原，其复原后的图像 PSNR 与 MSENS 值被列出（表 6-4），且使用黑体字标记较大 PSNR 值与较小 MSENS 值。从该列表数据获知，本章所提出的算法 RDER 在多数实验（包括实验 5，8，9，10，12，15，17，18 与 20）中可取得较好的 PSNR 与 MSENS 值，即运动模糊降质图像应用算法 RDER 复原后具有较好图像质量；在某些实验（包括实验 1，2，4，14 与 19）中算法 IDD-BM3D 在复原模糊降质图像时表现较好；在一些实验（包括实验 3，6，7，13 与 16）中算法 BM3DDEB 在复原模糊降质图像时表现较好；在实验 11 中算法 ForWaRD 在复原模糊降质图像时表现较好，即降质图像 Lena 应用该算法复原后具有较好图像质量。

表 6-4　标准灰度图像（Lena）受各类 PSF 并附加不同噪声影响降质再由不同算法将其复原后的 PSNR（dB）和 MSENS

实验号	RI-BM3D	BM3DDEB	IDD-BM3D	ForWaRD	RDER
实验 1	33. 67/23. 10	34. 89/17. 42	**35. 12/16. 54**	13. 82/2230. 9	20. 21/511. 72
实验 2	30. 42/48. 76	30. 38/49. 20	**33. 51/23. 97**	17. 23/1017. 1	21. 44/385. 68
实验 3	31. 01/42. 57	**32. 86/27. 85**	32. 71/28. 77	6. 64/11659	22. 88/277. 07
实验 4	31. 61/37. 07	32. 36/31. 25	**32. 76/28. 48**	10. 82/4447. 8	20. 92/434. 64
实验 5	33. 70/22. 91	38. 34/7. 87	38. 98/6. 80	8. 21/8125. 1	**39. 85/6. 00**
实验 6	28. 15/82. 24	**31. 19/40. 87**	30. 83/44. 41	7. 29/10030	24. 25/202. 04
实验 7	25. 43/154. 09	**28. 31/79. 33**	28. 10/83. 26	11. 33/3953. 7	21. 08/419. 51
实验 8	18. 51/727. 69	18. 37/781. 66	12. 59/2962. 2	4. 48/19150	**19. 04/671. 43**
实验 9	20. 49/479. 90	14. 83/1767. 1	12. 80/2821. 8	16. 95/1085. 5	**21. 42/387. 68**
实验 10	15. 07/1673. 1	9. 65/5833. 9	9. 26/6377. 3	16. 88/1102. 4	**24. 03/212. 43**
实验 11	7. 77/8989. 2	7. 30/10022	4. 65/18457	**14. 57/1877. 5**	14. 10/2094. 0
实验 12	7. 12/10434	7. 11/10461	5. 18/16314	8. 30/7945. 5	**11. 00/4272. 7**
实验 13	10. 69/4587. 8	**26. 84/111. 17**	26. 35/124. 62	9. 59/5909. 8	13. 78/2252. 6
实验 14	15. 07/1675. 4	22. 66/291. 34	**22. 95/272. 63**	11. 83/3526. 9	16. 32/1257. 4
实验 15	11. 19/4082. 7	10. 92/4348. 9	11. 39/3905. 2	13. 65/2317. 3	**13. 75/2244. 2**
实验 16	20. 80/446. 92	**28. 50/75. 86**	28. 10/83. 26	15. 61/1476. 5	20. 45/485. 57
实验 17	11. 79/3556. 7	9. 45/6096. 0	9. 02/6733. 5	9. 26/6483. 8	**14. 47/2295. 9**
实验 18	10. 72/4909. 2	11. 60/3718. 1	11. 75/3595. 7	13. 87/2206. 5	**14. 32/1987. 8**
实验 19	20. 02/534. 60	20. 42/487. 77	**21. 07/420. 01**	16. 80/1123. 2	17. 64/965. 31
实验 20	6. 61/11736	6. 90/10972	2. 78/28329	9. 49/6040. 2	**11. 72/3616. 9**

关于降质图像复原算法对图像细节信息保护能力的测试，图 6-7 给出 Lena 在实验 5 中因运动模糊因素影响的降质图像，与分别应用 RI-BM3D，BM3DDEB，IDD-BM3D，ForWaRD 及本章所提出的算法 RDER 将其复原后的图像。按从左至右、从上至下的顺序，图像依次排列为：模糊降质图像 Lena；应用本章所提出的算法 RDER（PSNR = 39. 85）将其复原后的图像；应用算法 IDD-BM3D（PSNR =

38.98）将其复原后的图像；应用算法 RI-BM3D（PSNR=33.70）将其复原后的图像；应用算法 BM3DDEB（PSNR=38.34）将其复原后的图像；应用算法 ForWaRD（PSNR=8.21）将其复原后的图像。由实验结果获知，本章所提出的算法 RDER 对比其他算法可在复原后的标准灰度图像中保留更多的细节信息，特别在运动模糊降质图像的复原过程中其去除模糊的性能与稳定性均表现较好，且对于不同噪声干扰具有一定的鲁棒性。

图 6-7　Lena 在实验 5 中受运动模糊因素影响的降质图像及其应用不同算法复原后的图像

（2）航拍灰度图像的去模糊实验。对于航拍灰度图像 Spacephoto，受表 6-2 所列各种 PSF 和噪声干扰影响导致其图像模糊降质，使用常见表现较好的降质图像复原算法 RI-BM3D，BM3DDEB，IDD-BM3D，ForWaRD 及本章所提出的算法 RDER 对其进行图像复原，其复原后的图像 PSNR 与 MSENS 值被列出（表 6-5），且使用黑体字标记较大 PSNR 值与较小 MSENS 值。从该列表数据获知，本章所提出的算法 RDER 在多数实验（包括实验 5，8，9，10，12，17，18 与 20）中可取得较好的 PSNR 与 MSENS 值，即运动模糊降质图像应用算法 RDER 复原后具有较好图像质量；在某些实验（包括实验 1，3，4，6，7，13 与 16）中算法 BM3DDEB 在复原模糊降质图像时表现较好；在一些实验（包括实验 2 与 15）中算法 RI-BM3D 在复原模糊降质图像时表现较好；在一些实验（包括实验 14 与 19）中算法 IDD-BM3D 在复原模糊降质图像时表现较好。

表 6-5　航拍图像（Spacephoto）受各类 PSF 并附加不同噪声影响降质再由不同算法将其复原后的 PSNR（dB）和 MSENS

实验号	RI-BM3D	BM3DDEB	IDD-BM3D	ForWaRD	RDER
实验 1	21.46/377.50	**21.92/339.34**	21.62/364.09	14.58/1839.6	18.98/667.63
实验 2	**22.19/318.90**	21.47/376.72	21.94/338.12	16.87/1086.8	18.00/836.54
实验 3	20.19/506.35	**20.54/466.13**	20.33/489.61	8.54/7403.1	20.21/503.17
实验 4	20.09/517.47	**20.30/493.63**	20.21/503.26	10.79/4404.5	19.14/644.43
实验 5	28.85/68.81	31.75/35.28	33.72/22.41	16.27/1248.4	**35.28/15.66**
实验 6	20.73/446.33	**21.41/381.92**	21.13/407.71	12.69/2842.9	21.01/418.97
实验 7	19.38/608.84	**19.96/533.06**	19.60/579.02	13.82/2190.8	19.20/635.18
实验 8	14.35/1991.9	16.02/1320.9	11.76/3521.8	9.97/5323.9	**19.91/626.05**
实验 9	14.29/1982.8	15.96/1339.4	14.40/1916.6	16.80/1103.8	**19.00/697.73**
实验 10	13.86/2170.5	9.19/6361.9	8.78/6990.8	16.31/1234.9	**18.62/727.24**
实验 11	7.52/9346.8	7.26/9919.0	4.49/18798	13.14/2566.9	**13.36/2438.7**
实验 12	6.95/10674	7.05/10420	4.98/16796	7.29/9858.0	**10.77/4427.9**
实验 13	10.11/5145.9	**19.31/619.16**	18.84/690.73	7.74/8892.0	13.56/2332.2
实验 14	13.94/2131.7	18.05/828.27	**18.09/819.93**	9.36/6117.0	14.86/1727.4
实验 15	**16.92/1073.5**	10.64/4557.7	11.02/4185.7	12.15/3223.1	12.72/2828.1
实验 16	17.70/898.20	**20.14/511.58**	19.60/579.92	13.79/2205.9	18.11/816.40
实验 17	11.02/4180.1	8.82/6953.4	8.20/7999.1	10.60/ 4631.8	**13.85/2253.4**
实验 18	14.76/1801.2	11.17/4039.7	11.27/3944.9	12.01/3325.7	**15.45/1387.9**
实验 19	17.58/923.52	17.46/947.62	**17.69/898.53**	15.66/1435.6	16.38/1218.0
实验 20	6.58/11610	6.89/10814	2.69/28431	8.02/8337.2	**11.34/3886.5**

关于降质图像复原算法对图像细节信息保护能力的测试，图 6-8 给出 Spacephoto 在实验 8 中因运动模糊因素影响的降质图像，与分别应用 RI-BM3D，

BM3DDEB，IDD-BM3D，ForWaRD 及本章所提出的算法 RDER 将其复原后的图像。按从左至右、从上至下的顺序，图像依次排列为：模糊降质图像 Spacephoto；应用本章所提出的算法 RDER（PSNR = 19.91）将其复原后的图像；应用算法 IDD-BM3D（PSNR = 11.76）将其复原后的图像；应用算法 RI-BM3D（PSNR = 14.35）将其复原后的图像；应用算法 BM3DDEB（PSNR = 16.02）将其复原后的图像；应用算法 ForWaRD（PSNR = 9.97）将其复原后的图像。由实验结果获知，本章所提出的算法 RDER 对比其他算法可在复原后的实拍灰度图像中保留更多的细节信息，特别在运动模糊降质图像的复原过程中其去除模糊的性能与稳定性均表现较好，且对于不同噪声干扰也具有一定的鲁棒性。

图 6-8　Spacephoto 在实验 8 中受运动模糊因素影响的降质图像及其应用不同算法复原后的图像

（3）标准彩色图像的去模糊实验。对于标准彩色测试图像 Girl，受表 6-2 所列各种 PSF 和噪声干扰影响导致其图像模糊降质，使用常见表现较好的降质图像复原算法 RI-BM3D，BM3DDEB，IDD-BM3D，ForWaRD 及本章所提出的算法 RDER 对其进行图像复原，其复原后的图像 PSNR 与 MSENS 值被列出（表 6-6），且使用黑体字标记较大 PSNR 值与较小 MSENS 值。从该列表数据获知，本章所提出的算法

RDER 在多数实验（包括实验 5，8，9，10，17 与 20）中可取得较好的 PSNR 与 MSENS 值，即运动模糊降质图像应用算法 RDER 复原后具有较好图像质量；在某些实验（包括实验 1，2，4，14 与 19）中算法 IDD-BM3D 在复原模糊降质图像时表现较好；在一些实验（包括实验 3，6，7，13 与 16）中算法 BM3DDEB 在复原模糊降质图像时表现较好；在一些实验（包括实验 11，12 与 18）中算法 ForWaRD 在复原模糊降质图像时表现较好；在实验 15 中算法 RI-BM3D 在复原模糊降质图像时表现较好，即降质图像 Girl 应用该算法复原后具有较好图像质量。

表 6-6 标准彩色图像（Girl）受各类 PSF 并附加不同噪声影响降质再由不同算法将其复原后的 PSNR（dB）和 MSENS

实验号	RI-BM3D	BM3DDEB	IDD-BM3D	ForWaRD	RDER
实验 1	32.24/34.44	32.92/29.68	**33.07/28.72**	16.01/1455.7	24.68/195.81
实验 2	30.40/51.75	30.1/54.94	**32.48/32.30**	20.03/571.55	24.01/226.56
实验 3	30.72/48.33	**31.66/39.17**	31.63/39.50	8.55/8147.4	29.45/64.34
实验 4	30.88/46.62	31.37/41.76	**31.67/39.08**	12.60/3214.6	25.87/148.23
实验 5	33.44/26.11	34.94/18.88	35.72/15.70	16.10/1456.0	**46.70/1.2257**
实验 6	29.87/58.47	**31.42/41.30**	31.12/44.18	10.21/5693.8	30.31/52.86
实验 7	27.74/95.33	**29.15/68.96**	28.88/73.37	12.80/3134.3	26.24/134.77
实验 8	21.33/416.14	20.37/519.81	12.71/3045.9	4.32/2103.5	**21.42/408.47**
实验 9	17.94/1133.1	13.42/3366.8	11.15/5871.0	18.65/816.06	**23.93/231.11**
实验 10	16.11/1389.2	10.52/5024.7	10.43/5143.1	19.73/612.29	**24.67/192.99**
实验 11	7.51/10049	6.40/13011	4.50/20095	**19.28/685.99**	13.68/2426.5
实验 12	6.63/12287	6.08/14011	5.16/17250	**14.87/1981.3**	10.61/4918.5
实验 13	16.08/1457.1	**26.86/116.76**	26.30/132.72	14.15/2247.5	14.81/1871.3
实验 14	19.46/660.07	23.84/234.37	**24.25/213.52**	16.06/1444.5	17.39/1036.1
实验 15	**19.97/569.73**	10.27/5343.9	11.57/3941.5	18.58/815.43	13.17/2730.1
实验 16	24.73/192.95	**28.97/71.97**	28.53/79.64	18.84/751.88	21.37/412.55

续表

实验号	RI-BM3D	BM3DDEB	IDD-BM3D	ForWaRD	RDER
实验 17	13. 39/2676. 8	12. 68/3144. 5	12. 38/3379. 0	12. 85/3217. 4	**13. 89/2649. 5**
实验 18	17. 31/1052. 2	11. 09/4408. 6	11. 78/3756. 7	**18. 69/794. 17**	13. 70/2417. 7
实验 19	22. 07/356. 38	21. 24/426. 18	**22. 27/337. 77**	19. 57/637. 14	18. 70/766. 68
实验 20	6. 16/1371. 6	5. 99/1428. 0	2. 49/3191. 0	15. 75/1591. 3	**11. 02/4488. 5**

关于降质图像复原算法对图像细节信息保护能力的测试，图 6-9 给出 Girl 在实验 5 中因运动模糊因素影响的降质图像，与分别应用 RI-BM3D，BM3DDEB，IDD-BM3D，ForWaRD 及本章所提出的算法 RDER 将其复原后的图像。按从左至右、从上至下的顺序，图像依次排列为：模糊降质图像 Girl；应用本章所提出的算法 RDER（PSNR=46. 70）将其复原后的图像；应用算法 IDD-BM3D（PSNR=35. 72）将其复原后的图像；应用算法 RI-BM3D（PSNR=33. 44）将其复原后的图像；应用算法 BM3DDEB（PSNR=34. 94）将其复原后的图像；应用算法 ForWaRD（PSNR=16. 10）将其复原后的图像。由实验结果获知，本章所提出的算法 RDER 对比其他算法可在复原后的标准彩色图像中保留更多的细节信息，特别在运动模糊降质图像的复原过程中其去除模糊的性能表现较好，且对于不同噪声干扰也具有一定的鲁棒性。

（4）实拍彩色图像的去模糊实验。对于实拍彩色图像 Clubs，受表 6-2 所列各种 PSF 和噪声干扰影响导致其图像模糊降质，使用常见表现较好的降质图像复原算法 RI-BM3D，BM3DDEB，IDD-BM3D，ForWaRD 及本章所提出的算法 RDER 对其进行图像复原，其复原后的图像 PSNR 与 MSENS 值被列出（表 6-7），且使用黑体字标记较大 PSNR 值与较小 MSENS 值。从该列表数据获知，本章所提出的算法 RDER 在多数实验（包括实验 10，11，12，17 与 20）中可取得较好的 PSNR 与 MSENS 值，即运动模糊降质图像应用算法 RDER 复原后具有较好图像质量；在某些实验（包括实验 1，2，4，5，14 与 19）中算法 IDD-BM3D 在复原模糊降质图像时表现较好；在一些实验（包括实验 3，6，7，13 与 16）中算法 BM3DDEB 在复原模糊降质图像时表现较好；在一些实验（包括实验 8，9，15 与 18）中算法 RI-BM3D 在复原模糊降质图像时表现较好。

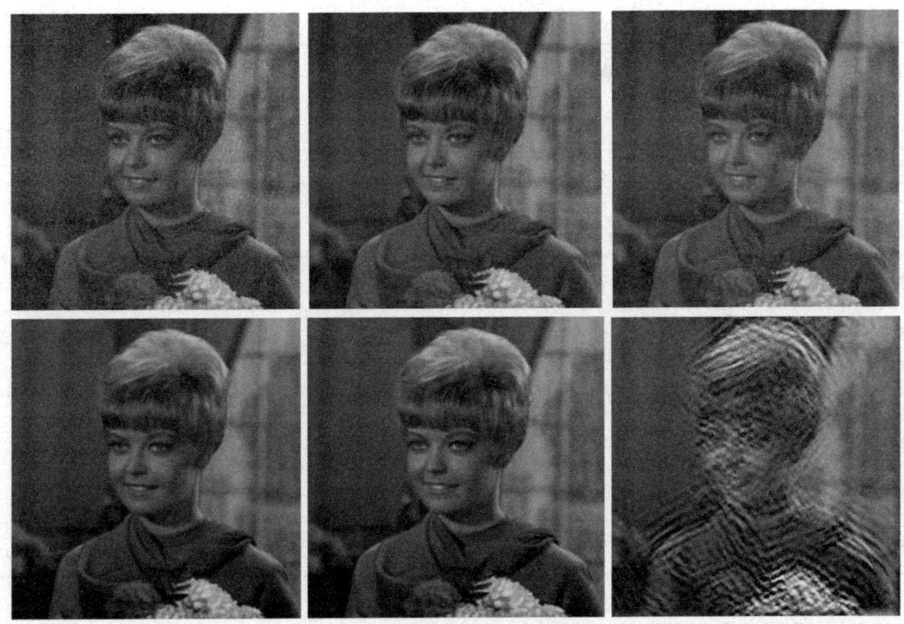

图 6-9　Girl 图像在实验 5 中受运动模糊因素影响的降质图像及其应用不同算法复原后的图像

表 6-7　实拍彩色图像（Clubs）受各类 PSF 并附加不同噪声影响降质再由不同算法将其复原后的 PSNR（dB）和 MSENS

实验号	RI-BM3D	BM3DDEB	IDD-BM3D	ForWaRD	RDER
实验 1	29.06/82.64	30.16/64.02	**30.40/60.70**	9.93/6888.0	14.02/2594.5
实验 2	26.78/140.12	26.88/137.05	**28.17/102.23**	15.80/1787.7	19.08/816.29
实验 3	26.66/142.79	**28.04/104.82**	28.00/105.74	2.15/41113	13.80/2721.8
实验 4	14.55/141.55	27.39/121.97	**27.57/117.16**	5.92/17335	13.36/3014.7
实验 5	31.31/48.13	35.36/18.90	**37.11/12.65**	6.41/15460	22.42/374.65
实验 6	25.03/205.60	**27.19/127.70**	27.05/131.60	3.20/32163	15.24/1953.2
实验 7	22.59/364.30	**24.33/247.83**	24.13/258.95	6.32/15643	13.68/2791.3
实验 8	**20.90/530.90**	19.57/723.68	13.12/3.1726	3.54/2880.6	13.98/2.6157
实验 9	**22.76/362.63**	19.91/710.72	18.69/941.80	15.66/1849.4	19.07/817.92
实验 10	16.32/1.5201	10.91/5273.8	10.79/5427.3	15.37/1963.1	**21.74/443.85**
实验 11	8.15/9948.4	7.13/1261.5	5.18/19715	12.14/3714.6	**12.50/3661.7**

续表

实验号	RI-BM3D	BM3DDEB	IDD-BM3D	ForWaRD	RDER
实验 12	7.22/1233.7	6.78/13665	5.69/17516	8.21/10011	**10.56/5720.7**
实验 13	9.22/ 8026.5	**23.47/298.96**	22.91/340.79	9.31/7981.0	15.32/1914.1
实验 14	13.25/3099.7	19.57739.13	**19.62/731.19**	11.57/4669.1	15.93/1681.5
实验 15	**16.98/1317.9**	10.76/5478.2	11.69/4413.9	13.46/2932.0	11.97/4133.9
实验 16	18.83/857.02	**24.92/214.99**	24.56/233.57	14.48/2346.4	20.56/574.25
实验 17	13.10/3649.2	13.09/3300.1	12.66/3674.6	12.62/4315.4	**13.20/3238.3**
实验 18	**16.72/1384.6**	11.58/4528.7	12.07/4039.7	13.30/3050.3	13.94/2627.2
实验 19	17.70/ 1133.0	18.22/998.32	**18.55/930.48**	15.50/1883.0	16.01/1664.8
实验 20	6.81/1355.4	6.71/1389.9	3.15/3146.0	9.12/8195.3	**11.59/4512.0**

关于降质图像复原算法对图像细节信息保护能力的测试，图 6-10 给出 Clubs 在实验 10 中因运动模糊因素影响的降质图像，与分别应用 RI-BM3D，BM3DDEB，IDD-BM3D，ForWaRD 及本章所提出的算法 RDER 将其复原后的图像。按从左至右、从上至下的顺序，图像依次排列为：模糊降质图像 Clubs；应用本章所提出的算法 RDER（PSNR = 21.74）将其复原后的图像；应用算法 IDD-BM3D（PSNR = 10.79）将其复原后的图像；应用算法 RI-BM3D（PSNR = 16.32）将其复原后的图像；应用算法 BM3DDEB（PSNR = 10.91）将其复原后的图像；应用算法 ForWaRD（PSNR = 15.37）将其复原后的图像。由实验结果获知，本章所提出的算法 RDER 对比其他算法可在复原后的实拍彩色图像中保留更多的细节信息，特别在运动模糊降质图像的复原过程中其去除模糊的性能表现较好，且对于不同噪声干扰也具有一定的鲁棒性。

3. 算法效率分析

仿真实验在 1.86 GHz CPU 与 1GB RAM 配置的 PC 上运行，本章所提出的算法 RDER 与 RI-BM3D，BM3DDEB，IDD-BM3D 及 ForWaRD 等其他算法针对同一降质图像、在相同运行条件下分别完成 50 次图像复原实验并测算其平均运行时间，实验运行数据如图 6-11 所示。实验运行结果表明，与其他算法相比，本章所提出的降质图像复原算法 RDER 平均运行时间略有增加且仍保持在同一数量级内，但其图

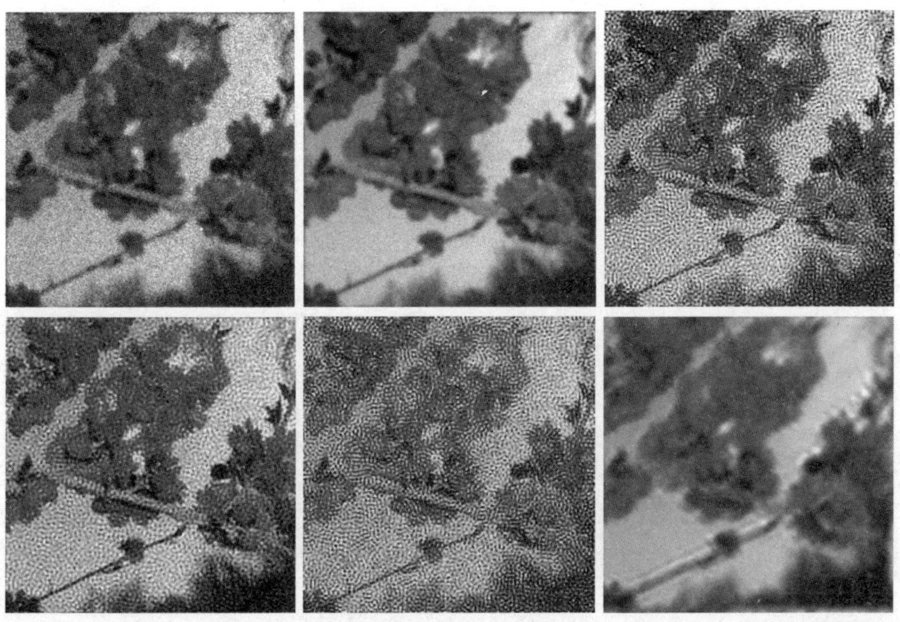

图 6-10 Clubs 图像在实验 10 中受运动模糊因素影响的降质图像及其应用不同算法复原后的图像

像复原能力与图像细节信息保护能力远优于其他算法。因此，综合评价各类降质图像复原算法的成效与代价，本章所提出的基于反应扩散理论的运动模糊降质图像复原算法 RDER 具有较好的性能。

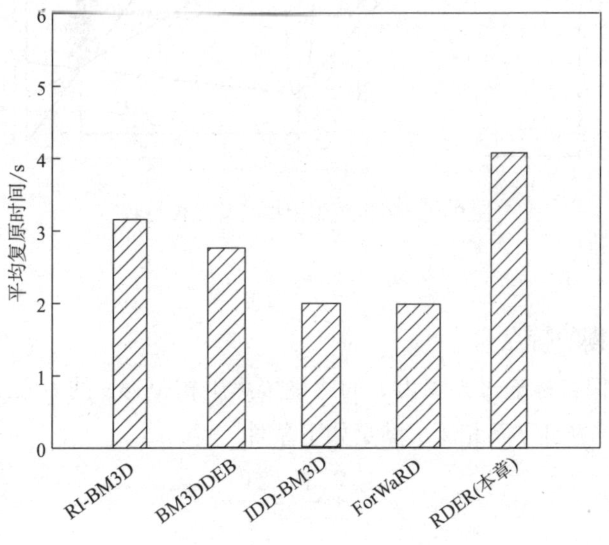

图 6-11 各类降质图像复原算法的运算效率

第七章　散焦模糊降质图像复原

第一节　图像散焦模糊概述

一、散焦模糊的成因

成像设备获取图像时，聚焦不准问题普遍存在，其导致光线偏离不能于原成像点聚合，从而产生散焦模糊降质图像[71]，其成像原理如图 7-1 所示。

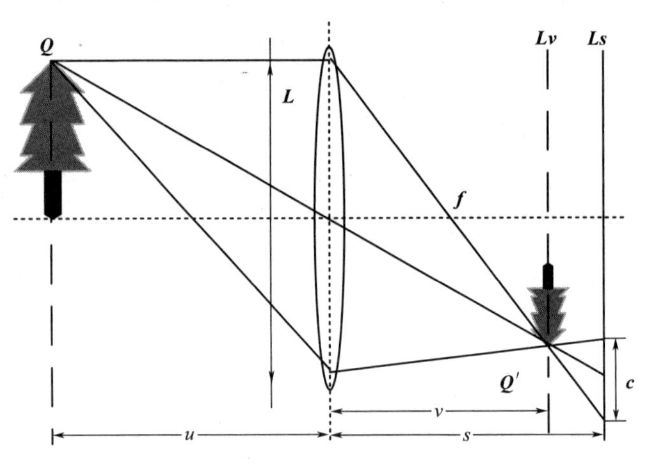

图 7-1　图像散焦模糊及其成像过程

二、散焦模糊的特点

Q 点处的成像目标通过光圈为 L 的透镜聚焦于相距为 v 的 Q'处，则可获得清晰图像，且物距 u、焦距 f 及相距 v 满足如下条件[72]：

$$\frac{1}{u}+\frac{1}{v}=\frac{1}{f} \tag{7-1}$$

当被摄成像目标位于距透镜 s 处时（图 7-1，$s \neq v$），则此时获得图像为散焦模糊图像，或称离焦模糊图像。图像的散焦模糊程度与散焦平面 *Ls* 距像平面 *Lv* 的距离相关，即散焦平面 *Ls* 离像平面 *Lv* 越远，模糊直径 *c* 越大，图像散焦模糊越严重；散焦平面 *Ls* 离像平面 *Lv* 越近，模糊直径 *c* 越小，图像散焦模糊较小[79]。

三、散焦模糊的数学模型

根据散焦模糊成像原理，清晰成像需满足理想的成像条件（式（7-1））；而散焦模糊成像将原始图像中各像素点通过透镜投影为圆形平面[77]（图 7-2）。因此，散焦模糊图像降质模型的模糊算子 PSF 可表示为：

$$H(x,\ y)=\begin{cases}\dfrac{1}{\pi r^{2}}, & x^{2}+y^{2}\leqslant r^{2}\\ 0, & \text{others}\end{cases} \tag{7-2}$$

式中：*r* 为散焦模糊半径。

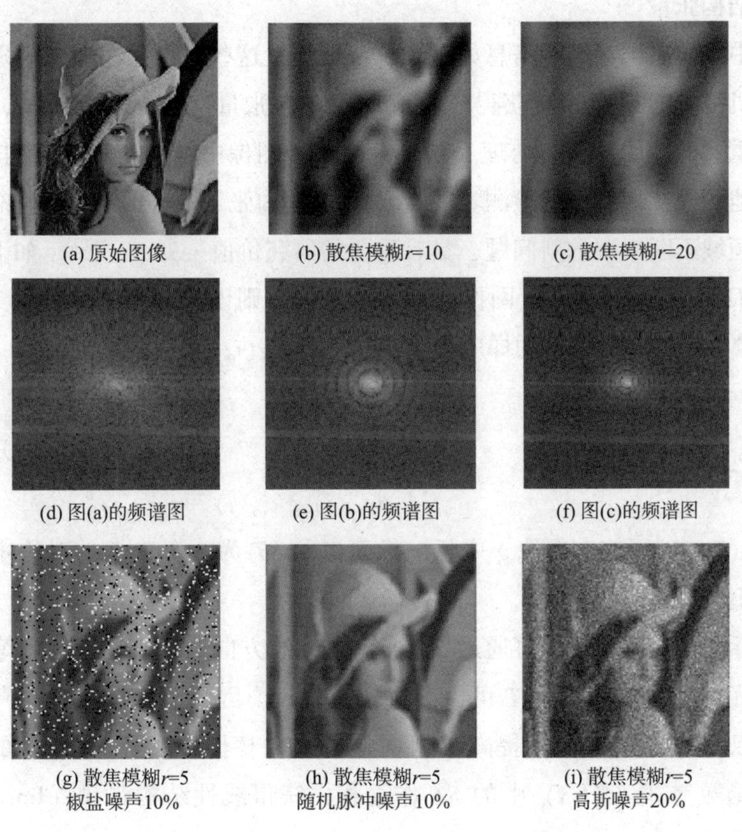

(a) 原始图像　(b) 散焦模糊*r*=10　(c) 散焦模糊*r*=20

(d) 图(a)的频谱图　(e) 图(b)的频谱图　(f) 图(c)的频谱图

(g) 散焦模糊*r*=5 椒盐噪声10%　(h) 散焦模糊*r*=5 随机脉冲噪声10%　(i) 散焦模糊*r*=5 高斯噪声20%

图 7-2

(j) 图(g)的频谱图　(k) 图(h)的频谱图　(l) 图(i)的频谱图

图 7-2　Lena 图像受不同程度散焦模糊影响并附加各类噪声干扰的降质图像及其对应的频谱图像

第二节　结构张量与扩散张量

一、结构张量

图像中包含有大量结构信息如边缘、纹理等，这些信息已在图像识别、目标检测、计算机视觉等研究领域获得广泛应用。结构张量（structure tensor，简称 ST）作为一种重要的图像分析与处理工具，常被用于图像中结构信息的方向场、边缘、角点及其他图像几何特征的检测[73-74]。因此，结构张量 **ST** 可与其他理论共同解决图像处理领域不断出现的新问题，具有重要的研究价值。**ST** 定义[75] 如下：

假设 $\boldsymbol{\Omega} \subset R^2$ 为任一灰度图像的像素值矩阵，则该灰度图像可表示为 g：$\boldsymbol{\Omega} \to R$；若图像 g 中任一像素点的梯度为 $\nabla g(i, j) = (g(i, j)_x, g(i, j)_y)^{\mathrm{T}}$，则任一像素点的 **ST** 为：

$$\boldsymbol{ST}(i, j) = \nabla g(i, j) \times \nabla g(i, j)^{\mathrm{T}} = \begin{bmatrix} g(i, j)_x^2 & g(i, j)_x g(i, j)_y \\ g(i, j)_y g(i, j)_x & g(i, j)_y^2 \end{bmatrix} \tag{7-3}$$

由式（7-3）可知，图像 g 中任一像素点的 **ST** 为一个 2×2 的对称矩阵，而图像的 **ST** 即为其梯度的张量积。

在实际问题的研究中，可通过 **ST** 求解图像的方向场、边缘、角点等几何结构信息。式（7-3）中所示的 **ST** 可由图像梯度表示，因为图像梯度对噪声干扰非常敏感，所以 **ST** 易受影响。为提高 **ST** 对于噪声的鲁棒性可采用平滑处理的方法，即用高斯核函数与式（7-3）中的 **ST** 作卷积，获得线性结构张量（linear structure tensor，简称 **LST**）：

$$\boldsymbol{LST}(i,\ j) = G_\sigma \times \boldsymbol{ST}(i,\ j) = \begin{bmatrix} I_{11} & I_{12} \\ I_{21} & I_{22} \end{bmatrix} \tag{7-4}$$

式中：G_σ 为方差 σ 的高斯核函数，且 σ 的取值与平滑程度有关。

因为上式所示的 ***LST*** 能够有效抑制噪声并同时展现图像的方向场、边缘、角点等几何结构信息，所以 ***LST*** 的应用范围变得更加广泛。求解上述公式，得 ***LST*** 的两个特征值 λ_1 和 λ_2：

$$\begin{cases} \lambda_1 = \dfrac{1}{2}\left(I_{11} + I_{22} + \sqrt{(I_{11} - I_{22})^2 + 4I_{12}^2}\right) \\ \lambda_2 = \dfrac{1}{2}\left(I_{11} + I_{22} - \sqrt{(I_{11} - I_{22})^2 + 4I_{12}^2}\right) \end{cases} \tag{7-5}$$

其相应的特征向量为：

$$\begin{cases} \bar{v}_1 = \dfrac{v_1}{\| v_1 \|} \\ v_2 = \bar{v}_1^{\perp} \end{cases} \tag{7-6}$$

式中：$v_1 = \left(2I_{12},\ \sqrt{(I_{11} - I_{22})^2 + 4I_{12}^2} - I_{11} + I_{22}\right)^{\mathrm{T}}$。

LST 的特征值 λ_1 和 λ_2 主要用来描述图像中结构信息的强度，例如，***LST*** 的最大特征值体现了图像的最大对比度；***LST*** 的特征向量 $\bar{v}_1$ 和 v_2 主要用来描述图像中结构信息的方向，如图 7-3 所示，其中 $\bar{v}_1$ 表示图像中局部对比度最大的方向信息（即法线方向），v_2 表示图像中局部对比度最小的方向信息（即切线方向）。

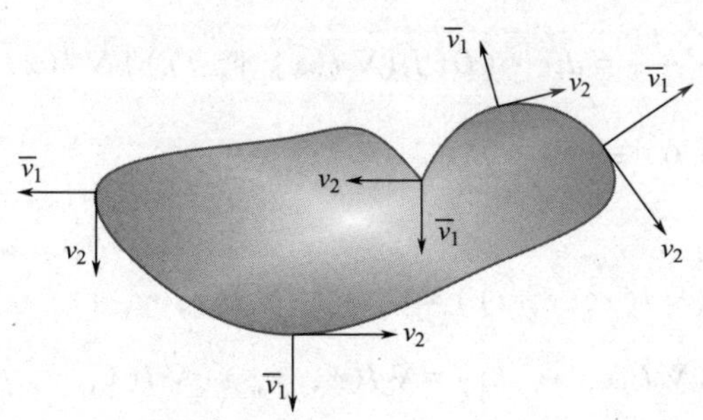

图 7-3 图像结构的方向 $\bar{v}_1$ 及其正交方向 v_2 的示意图

LST 的特征值满足不同条件时可展现图像中不同特征的结构信息：

①图像的平滑部分。在该区域中的图像像素点的灰度值变化较小，因此所对应

LST 的特征值 λ_1，λ_2 满足 $\lambda_1 \approx \lambda_2 \approx 0$；

②图像的边缘部分。在该区域中的图像像素点的灰度值沿某一方向变化较大，因此所对应 **LST** 的特征值 λ_1，λ_2 满足 $\lambda_1 > \lambda_2 \approx 0$；

③图像的角形部分或“T”形部分。在该区域中的图像像素点的灰度值在两个正交的方向上变化均较大，因此所对应 **LST** 的特征值 λ_1，λ_2 满足 $\lambda_1 \geqslant \lambda_2 > 0$。

因为结构张量能够较好地描述图像的几何结构特征，所以近 20 年来结构张量一直被广泛应用于图像处理领域的各研究方向：

①结构张量应用于检测工程。因为结构张量的特征值能有效地描述图像中的角点部分，所以基于结构张量的角点检测器广泛用于检测工程；此外，为进一步提高检测精度，还可结合滤波方法用以增加检测器的鲁棒性，改进应用结构张量的检测方法；

②结构张量应用于图像分割。因为基于结构张量的图像纹理特征能够被准确、有效地提取，所以应用这些纹理特征分割图像可取得较好的效果；

③结构张量的其他图像应用。如图像模式分类、图像分析等。

二、扩散张量

Perona 和 Malik 于 1990 年以热传导方程为基础构建了 PM 模型，该模型主要用于保护图像的边缘细节信息，但其效果并不理想。因为结构张量（**ST**）能够体现图像的边缘、方向等几何结构信息，所以 Brox 等将 **ST** 与 PM 相结合建立了扩散张量模型：

$$\begin{cases} \dfrac{\partial I(x, y, t)}{\partial t} = div \cdot (D(J_\rho(\nabla I(x, y, t)))\nabla I(x, y, t)) \\ I(x, y, 0) = I_0(x, y) \end{cases} \tag{7-7}$$

式中：

$$\begin{cases} J_\rho(\nabla I(x, y, t)) = G_\sigma \cdot J_0(\nabla I(x, y, t)) \\ J_0(\nabla I(x, y, t)) = \nabla I(x, y, t)\nabla I(x, y, t)^{\mathrm{T}} \end{cases} \tag{7-8}$$

式中：G_σ 为方差 σ 的高斯核函数；I 表示灰度图像，$I(x, y)$ 为图像在 $(x, y) \in R^2$ 处的灰度值，$I(x, y, t)$ 表示在 t 时刻图像处理的结果，I_0 为原始图像；符号 ∇ 表示梯度算子；div 表示散度算子；$D(J_\sigma(\nabla I(x, y, t)))$ 表示扩散张量。

选择下式中的特征值和特征向量来增强图像的边缘结构：

$$\begin{cases} v_1 = \alpha \\ v_2 = \alpha + (1 - \alpha)\exp\left(-\dfrac{C}{(\lambda_1 - \lambda_2)^2}\right) \end{cases} \tag{7-9}$$

式中：v_1 和 v_2 为扩散张量的特征向量；λ_1 和 λ_2 为扩散张量的特征值；C 为非负常数，$\alpha \in (0, 1)$，ρ 为常数。

第三节 图像去散焦模糊

本章参考扩散张量模型并结合结构张量与反应扩散方程的特征建立了结构张量—反应扩散模型（structure tensor- reaction-diffusion equation，简称 STRDE），该模型主要用于复原因散焦模糊影响的降质图像，既需要能够有效地去除散焦模糊又保证对于不同噪声干扰（包括脉冲噪声、高斯噪声及其混合噪声）具有一定的鲁棒性。本章所提出的 STRDE 模型描述如下：

$$\begin{cases} \dfrac{\partial I(x, y, t)}{\partial t} = \nabla(D(J_\rho(\nabla I(x, y, t)))\nabla I(x, y, t)) + f(I(x, y, t)) \\ I(x, y, 0) = I_0(x, y) \end{cases} \tag{7-10}$$

式中：$D=g(J_\sigma(\nabla I(x, y, t)))$，且扩散函数 $g(\cdot)$ 为：

$$g(|x|) = \frac{1}{1 + \mu x^2} \tag{7-11}$$

上述公式中 $\mu = |\nabla G_\sigma|$，且 G_σ 为方差 σ 的高斯核函数，即：

$$G_\sigma(x, y) = \frac{1}{2\pi\sigma^2}\exp\left(-\frac{(x^2 + y^2)}{2\sigma^2}\right) \tag{7-12}$$

$f(I)$ 为反应项，在模型中被用于量化过程以提高算法效率，并采用前一章节所描述的量化器数学模型。

一、算法设计

根据结构张量—反应扩散模型，并结合结构张量与散焦模糊的特征，设计基于结构张量—反应扩散理论的散焦模糊降质图像复原算法，其步骤见表 7-1。

表 7-1　散焦模糊降质图像复原算法

算法 3　散焦模糊降质图像复原算法	
输入	散焦模糊降质图像 I，其大小为 $M\times N$
输出	去除散焦模糊的复原图像 $\boldsymbol{y}_o$，其大小为 $M\times N$
步骤	
第 1 步	选取待复原的降质图像 I 中（即 $M\times N$ 个像素点集合）第 K 个像素点 $g(i,\ j)$ （注：$0\leqslant i<M$ 且 $0<j\leqslant N$；$K=i\cdot N+j$ 且 $0<K\leqslant M\times N$）
第 2 步	初始化或重置相关参数：q，ρ，C，σ
第 3 步	预处理阶段 1（即求解局部图像梯度及扩散张量），对第 K 个像素点进行如下操作 ①确定该像素点的邻域窗口，其大小为 $q\times q$（即包含 $q\times q$ 个像素点元素的图像 I 的子集） ②计算该像素点在其 $q\times q$ 邻域窗口内的梯度 $\nabla g(i,\ j)=(g(i,\ j)_x,\ g(i,\ j)_y)^{\mathrm{T}}$ ③根据公式（7-7）和公式（7-8），计算该像素点在该窗口中的扩散张量
第 4 步	预处理阶段 2（即求解图像的模糊算子），对第 K 个像素点进行如下操作 ①根据公式（7-12），求解高斯平滑核函数 ②根据公式（7-11），计算 $g(\cdot)$
第 5 步	散焦模糊去除阶段，对第 K 个像素点进行如下操作 利用高斯平滑核函数、梯度及扩散张量，根据公式（7-10）估计并恢复该像素点的像素值，去除降质图像中该像素点的散焦模糊
第 6 步	判断散焦模糊降质图像 I 中是否所有像素点均完成散焦模糊降质图像复原的操作 ①若整副图像处理未完成，则转至第 1 步操作，并选取第 K+1 个待处理像素点 ②若整副图像处理完毕，则继续第 7 步操作
第 7 步	输出去除散焦模糊后的复原图像 $\boldsymbol{y}_o$

二、算法流程

基于结构张量—反应扩散理论的散焦模糊降质图像复原算法的执行流程如图 7-4 示。

三、实验与分析

1. 实验说明

针对本章所提出的基于结构张量—反应扩散理论的散焦模糊降质图像复原模型及算法，以 Matlab7.8 为测试平台完成仿真实验，选取国际通用的典型标准测试图像（包括两幅灰度图像 Peppers，Mandrill 与一幅彩色图像 Airplane），其大小均为 256×256，如图 7-5 所示。

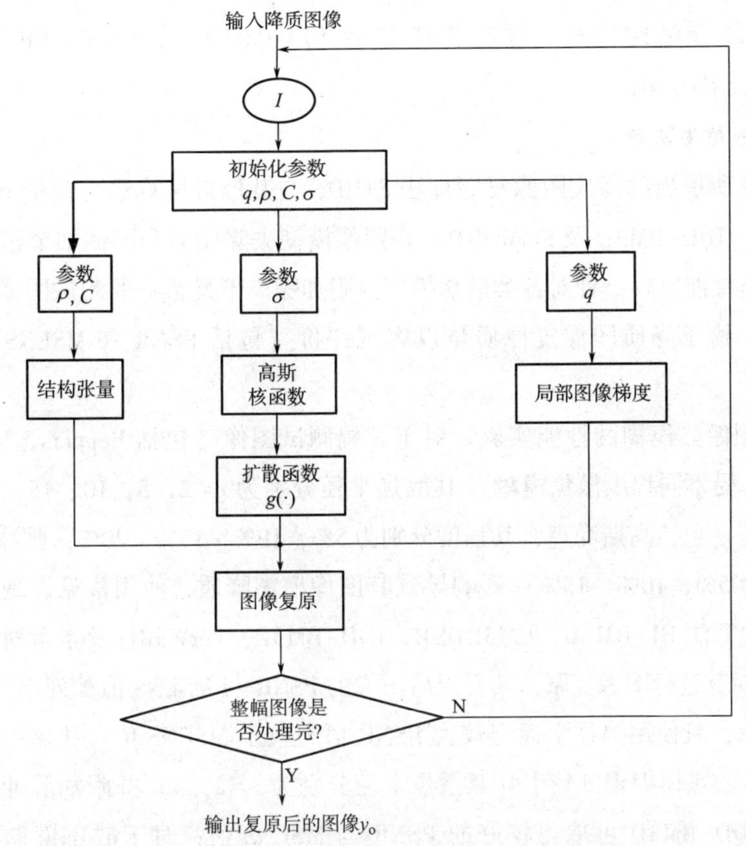

图 7-4 散焦模糊降质图像复原算法的执行流程

图 7-5 典型的测试图像 Peppers，Mandrill 及 Airplane

仿真实验为量度降质图像的复原质量，采用峰值信噪比（PSNR）和噪声抑制均方误差（MSENS）来客观评价复原图像的质量。仿真实验为测评本章所提出的降质图像复原算法的有效性，将该算法 STRDE 与其他常见表现较好的模糊降质图像复原算法进行对比实验，这些算法包括 RI－BM3D[67]，BM3DDEB[67]，IDD－BM3D[68] 及 ForWaRD[70]。

2. 实验结果及评价

将本章所提出的降质图像复原算法 STRDE 与其他常见算法（包括 RI-BM3D，BM3DDEB，IDD-BM3D 及 ForWaRD）在图像模糊去除能力和图像细节信息保护能力方面进行性能比较。针对各类散焦模糊并附加噪声干扰影响的测试图像进行图像复原操作，给予降质图像复原质量以客观评价（包括 PSNR 和 MSENS）与主观评价。

（1）图像去模糊的性能实验。对于三幅测试图像（包括 Peppers，Mandrill 与 Airplane），受不同程度散焦模糊（其散焦半径分别为 $r=2$，5，10，15，20）与不同强度噪声（包括高斯噪声，其强度分别为 5%，10%，15%，20%；脉冲噪声，其强度分别为 5%，10%，15%）影响导致其图像模糊降质，使用常见表现较好的降质图像复原算法 RI-BM3D，BM3DDEB，IDD-BM3D，ForWaRD 及本章所提出的算法 STRDE 对其进行图像复原，其复原后图像的 PSNR 与 MSENS 值被列出（表 7-2～表 7-4 所示，且使用黑体字标记较大 PSNR 值与较小 MSENS 值。从这些列表数据获知，对于散焦模糊程度较小（其散焦半径分别为 $r=2$，5）并附加脉冲噪声的图像，算法 IDD-BM3D 可取得较好的 PSNR 与 MSENS 值；对于散焦模糊程度较小（其散焦半径分别为 $r=10$，15）并附加脉冲噪声的图像，算法 BM3DDEB 可取得较好的 PSNR 与 MSENS 值；对于不同程度散焦模糊并附加高斯噪声或混合噪声的图像，对比其他算法，本章所提出的算法 STRDE 可取得较好的 PSNR 与 MSENS 值，即散焦模糊降质图像应用算法 STRDE 复原后具有较好的图像质量。

表 7-2　灰度图像 Peppers 受不同程度散焦模糊和不同噪声影降质再由不同算法将其复原后的 PSNR（dB）和 MSENS

噪声种类及强度	散焦半径 r	RI-BM3D	BM3DDEB	IDD-BM3D	ForWaRD	STRDE
S&P＝5%	2	30.80/45.83	31.61/38.06	**32.12/33.86**	12.48/3119.4	20.59/482.09
S&P＝5%	5	29.19/66.51	29.25/65.58	**31.54/38.70**	16.34/1281.2	21.13/425.23
S&P＝10%	2	28.79/72.89	30.00/55.21	**30.15/53.27**	4.94/17679	24.62/190.51
S&P＝10%	5	29.01/69.36	29.54/61.32	**30.03/54.77**	9.17/6685.0	21.87/358.40

续表

噪声种类及强度	散焦半径 r	RI-BM3D	BM3DDEB	IDD-BM3D	ForWaRD	STRDE
S&P=15%	5	32. 44/31. 44	35. 53/15. 42	**36. 54/12. 22**	5. 27/16375	31. 67/37. 53
S&P=5%	10	27. 27/103. 50	**29. 62/60. 19**	29. 62/60. 26	5. 38/15994	25. 22/165. 87
S&P=10%	15	24. 63/189. 84	**26. 89/112. 96**	26. 87/113. 40	9. 47/6232. 2	21. 71/372. 13
S&P=10%	20	19. 11/673. 43	18. 23/830. 11	12. 40/3176. 1	3. 58/24181	**19. 19/664. 78**
Gaussian=5%	2	20. 28/498. 52	18. 64/753. 97	16. 88/1130. 6	15. 94/1403. 6	**21. 12/426. 50**
Gaussian=5%	5	15. 18/1672. 9	9. 81/5761. 3	9. 47/6227. 7	15. 96/1397. 1	**23. 14/267. 83**
Gaussian=5%	10	7. 81/9142. 7	7. 22/10469	4. 63/19001	**14. 67/1881. 0**	13. 96/2218. 5
Gaussian=5%	15	7. 11/10734	6. 93/11189	5. 22/16564	8. 84/7208. 4	**10. 86/4526. 6**
Gaussian=10%	5	10. 81/4574. 9	**25. 36/ 160. 49**	24. 94/177. 00	10. 41/5015. 1	13. 99/2204. 9
Gaussian=15%	5	14. 84/1811. 1	21. 44/395. 75	**21. 62/380. 11**	12. 56/3058. 2	15. 95/1404. 6
Gaussian=20%	2	**18. 17/840. 27**	10. 98/4398. 9	11. 46/3916. 8	13. 51/2461. 1	12. 96/2787. 8
Gaussian=30%	5	20. 65/474. 43	**27. 14/106. 64**	26. 95/111. 25	15. 38/1598. 0	20. 41/502. 07
S&P=5%，Gaussian=5%	5	12. 33/3229. 3	10. 02/5502. 3	9. 66/5967. 1	9. 55/6319. 0	**14. 39/2358. 6**
S&P=10%，Gaussian=10%	5	13. 35/2215. 9	11. 41/3984. 6	11. 62/3800. 5	13. 98/2208. 1	**14. 08/2156. 6**
S&P=5%，Gaussian=20%	10	6. 65/11922	6. 81/11497	2. 7929024	10. 24/5225. 4	**11. 63/3792. 7**

注　S&P 为脉冲噪声，Gaussian 指高斯噪声。

表 7-3　灰度图像 Mandrill 受不同程度散焦模糊和不同噪声影响降质再由不同算法将其复原后的 PSNR（dB）和 MSENS

噪声种类及强度	散焦半径 r	RI-BM3D	BM3DDEB	IDD-BM3D	ForWaRD	STRDE
S&P=5%	2	21. 46/377. 50	**21. 92/339. 34**	21. 62/364. 09	14. 58/1839. 6	18. 98/667. 63
S&P=5%	5	**22. 19/318. 90**	21. 47/376. 72	21. 94/338. 12	16. 87/1086. 8	18. 00/836. 54
S&P=10%	2	20. 19/506. 35	**20. 54/466. 13**	20. 33/489. 61	8. 54/7403. 1	20. 21/503. 17
S&P=10%	5	20. 09/517. 47	**20. 30/493. 63**	20. 21/503. 26	10. 79/4404. 5	19. 14/644. 43
S&P=15%	5	28. 85/68. 81	31. 75/35. 28	33. 72/22. 41	16. 27/1248. 4	**35. 28/15. 66**
S&P=5%	10	20. 73/446. 33	**21. 41/381. 92**	21. 13/407. 71	12. 69/2842. 9	21. 01/418. 97
S&P=10%	15	19. 38/608. 84	**19. 96/533. 06**	19. 60/579. 02	13. 82/2190. 8	19. 20/635. 18

续表

噪声种类及强度	散焦半径 r	RI-BM3D	BM3DDEB	IDD-BM3D	ForWaRD	STRDE
S&P = 10%	20	17.35/971.95	16.02/1320.9	11.76/3521.8	9.97/5323.9	**17.91/856.05**
Gaussian = 5%	2	17.29/922.85	15.96/1339.4	14.40/1916.6	16.80/1103.8	**25.00/187.73**
Gaussian = 5%	5	13.86/2170.5	9.19/6361.9	8.78/6990.8	16.31/1234.9	**18.62/727.24**
Gaussian = 5%	10	7.52/9346.8	7.26/9919.0	4.49/18798	13.14/2566.9	**13.36/2438.7**
Gaussian = 5%	15	6.95/10674	7.05/10420	4.98/16796	7.29/9858.0	**10.77/4427.9**
Gaussian = 10%	5	10.11/5145.9	**19.31/619.16**	18.84/690.73	7.74/8892.0	13.56/2332.2
Gaussian = 15%	5	13.94/2131.7	18.05/828.27	**18.09/819.93**	9.36/6117.0	14.86/1727.4
Gaussian = 20%	2	**16.92/1073.5**	10.64/4557.7	11.02/4185.7	12.15/3223.1	12.72/2828.1
Gaussian = 30%	5	17.70/898.20	**20.14/511.58**	19.60/579.92	13.79/2205.9	18.11/816.40
S&P = 5%, Gaussian = 5%	5	11.02/4180.1	8.82/6953.4	8.20/7999.1	10.60/4631.8	**13.85/2253.4**
S&P = 10%, Gaussian = 10%	5	**15.76/1401.2**	11.17/4039.7	11.27/3944.9	12.01/3325.7	13.45/2387.9
S&P = 5%, Gaussian = 20%	10	6.58/11610	6.89/10814	2.69/28431	8.02/8337.2	**11.34/3886.5**

注 S&P 为脉冲噪声，Gaussian 指高斯噪声。

表 7-4 彩色图像 Airplane 受不同程度散焦模糊和不同噪声影响降质再由不同算法将其复原后的 PSNR（dB）和 MSENS

噪声种类及强度	散焦半径 r	RI-BM3D	BM3DDEB	IDD-BM3D	ForWaRD	STRDE
S&P = 5%	2	28.80/81.20	29.82/64.20	**30.08/60.34**	14.35/2495.4	13.40/2841.6
S&P = 5%	5	28.12/94.25	27.66/106.39	**29.87/64.15**	18.05/1017.7	14.77/2071.4
S&P = 10%	2	26.26/145.70	27.50/109.43	**27.55/108.16**	7.32/13037	17.21/1173.3
S&P = 10%	5	26.33/143.29	26.87/126.40	**27.04/121.65**	11.01/5489.4	14.01/2464.9
S&P = 15%	5	30.76/51.74	34.38/22.57	**35.89/16.01**	13.32/3268.5	34.31/22.87
S&P = 5%	10	25.37/179.76	**27.69/106.02**	27.60/107.90	8.64/9533.9	20.74/522.84
S&P = 10%	15	23.41/285.01	**25.41/181.09**	25.28/186.42	11.74/4576.6	16.63/1336.1
S&P = 10%	20	**20.77/516.24**	19.64/669.70	13.23/2921.0	6.46/14184	13.46/2803.7
Gaussian = 5%	2	**19.38/727.04**	14.55/2203.9	12.46/3583.9	17.69/1103.9	14.76/2072.3
Gaussian = 5%	5	15.85/1598.4	10.43/5570.0	10.26/5808.2	16.75/1313.0	**22.17/376.02**

续表

噪声种类及强度	散焦半径 r	RI-BM3D	BM3DDEB	IDD-BM3D	ForWaRD	STRDE
Gaussian = 5%	10	8.09/9546.6	7.20/11715	5.01/19407	13.06/3043.9	**13.56/2918.9**
Gaussian = 5%	15	7.26/11565	6.92/12502	5.60/16949	6.15/14946	**10.54/5438.7**
Gaussian = 10%	5	8.36/8986.8	**24.70/211.07**	24.33/230.04	6.39/14489	14.86/2009.7
Gaussian = 15%	5	13.01/3079.5	20.75/529.50	**20.90/512.88**	7.90/1037.6	16.35/1433.4
Gaussian = 20%	2	**18.10/968.17**	10.87/5035.2	11.73/4129.5	11.85/4024.3	11.23/4646.1
Gaussian = 30%	5	18.51/867.98	**25.87/162.13**	25.59/172.32	13.17/3062.5	20.53/547.40
S&P = 5%, Gaussian = 5%	5	13.16/3109.5	12.66/3343.5	12.41/3535.7	13.84/2880.2	**14.15/2647.7**
S&P = 10%, Gaussian = 10%	5	13.62/3340.7	11.42/4439.2	11.74/4117.6	11.49/4388.1	**14.01/2445.5**
S&P = 5%, Gaussian = 20%	10	8.77/12956	6.77/12953	3.00/30820	7.07/12118	**11.63/4256.9**

注 S&P 为脉冲噪声，Gaussian 指高斯噪声。

（2）图像细节信息保护的性能实验。关于降质图像复原算法对图像细节信息保护的性能分析，可参考图 7-6～图 7-8 所示实验结果。通过本章所提出的算法 STRDE 与其他算法（包括 RI-BM3D，BM3DDEB，IDD-BM3D 及 ForWaRD）的对比实验，给出图像 Peppers，Mandrill 与 Airplane 受不同程度散焦模糊影响并附加不同强度噪声干扰降质再由各类降质图像复原算法恢复后的效果图。

图 7-6 展示了 Peppers 受散焦半径为 $r=10$ 的散焦模糊影响并附加 20%高斯噪声干扰的降质图像和由各类复原算法将其复原后的图像（复原图像按从左至右、从上至下的顺序，依次排列为：散焦模糊图像，STRDE（PSNR=23.14），IDD-BM3D（PSNR=9.47），RI-BM3D（PSNR=15.18），BM3DDEB（PSNR=9.81），ForWaRD（PSNR=15.96），根据主观评价与客观评价获知，本章所提出的算法 STRDE 对于受一定程度散焦模糊影响并附加单一噪声干扰的灰度图像具有较好的图像细节信息保护能力。

图 7-7 展示了 Mandrill 受散焦半径为 $r=10$ 的散焦模糊影响并附加 20%椒盐噪声、5%高斯噪声干扰的降质图像和由各类复原算法将其复原后的图像（复原图像按从左至右、从上至下的顺序，依次排列为：散焦模糊图像，STRDE（PSNR=25.00），IDD-BM3D（PSNR=14.40），RI-BM3（PSNR=17.29），BM3DDEB

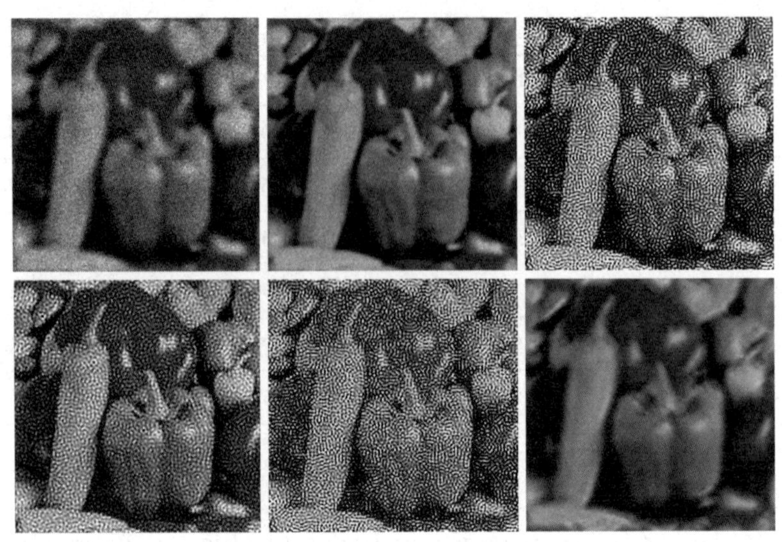

图 7-6　Peppers 图像受散焦模糊（半径 $r=10$）影响并附加高斯噪声（20%）的降质图像及其应用不同算法复原后的图像

(PSNR =15. 96), ForWaRD（PSNR= 16. 80），根据主观评价与客观评价获知，本章所提出的算法 STRDE 对于受一定程度散焦模糊影响并附加混合噪声干扰的灰度图像具有较好的图像细节信息保护能力。

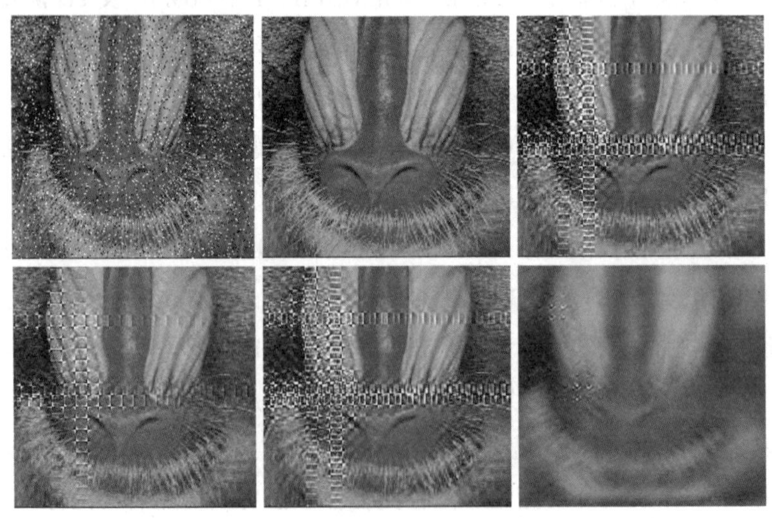

图 7-7　Mandrill 图像受散焦模糊（半径 $r=10$）影响并附加椒盐噪声（20%）与高斯噪声（5%）的降质图像及其应用不同算法复原后的图像

图 7-8 展示了 Airplane 受散焦半径为 $r=5$ 的散焦模糊影响并附加 5%椒盐噪声、5%高斯噪声干扰的降质图像和由各类复原算法将其复原后的图像（复原图像按从左至右、从上至下的顺序，依次排列为：散焦模糊图像，STRDE（PSNR = 14.39），IDD-BM3D（PSNR = 9.66），RI-BM3D（PSNR = 12.33），BM3DD-EB（PSNR = 10.02），ForWaRD（PSNR = 9.55），根据主观评价与客观评价获知，本章所提出的算法 STRDE 对于受一定程度散焦模糊影响并附加混合噪声干扰的彩色图像具有较好的图像细节信息保护能力。

图 7-8 Airplane 图像受散焦模糊（半径 $r=5$）影响并附加椒盐噪声（5%）与高斯噪声（5%）的降质图像图像及其应用不同算法复原后的图像

由上述实验结果获知，本章所提出的算法 STRDE 对比其他算法可在复原后的图像中保留更多的细节信息，特别在散焦模糊降质图像的复原过程中，其去除模糊的性能表现较好，且对于不同噪声干扰也具有一定的鲁棒性。

3. 算法效率分析

仿真实验在 1.86 GHz CPU 与 1GB RAM 配置的 PC 上运行，本章所提出的算法 STRDE 与 ForWaRD，RI-BM3D，BM3DDEB 及 IDD-BM3D 算法针对同一降质图像、在相同运行条件下分别完成 50 次图像复原实验并测算其平均运行时间，实验运行数据如图 7-9 所示。实验运行结果表明，与其他算法相比，本章所提出的降质图像复原算法 STRDE 平均运行时间仅略有增加，但其图像复原能力与图像细节信息保护能力远优于其他算法。因此，综合评价各类降质图像复原算法的成效与代价，本章所提出的基于结构张量—反应扩散理论的散焦模糊降质图像复原算法 STRDE 具有较好的性能。

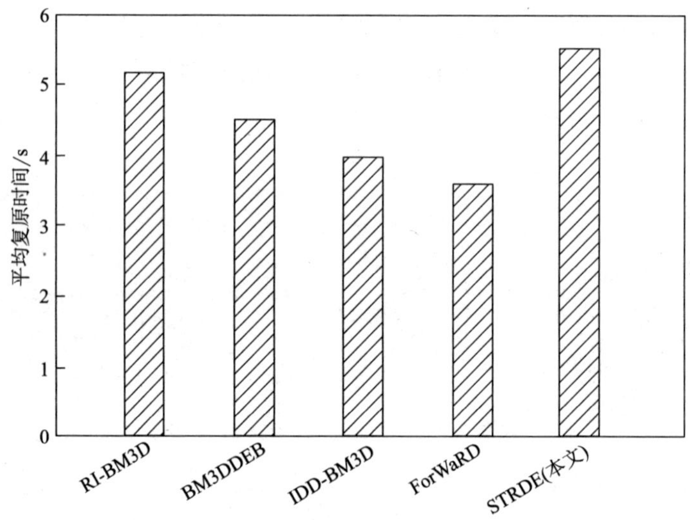

图 7-9 各类降质图像复原算法的运算效率

第八章 大气湍流模糊降质图像复原

随着科技的快速发展，人类开始对地球及其外界未知空间展开探索。在太空天文观测、航空遥感等过程中，图像作为信息记录的主要载体承担了不可替换的角色，尤其对于许多瞬时发生的天文现象，其图像记录不可复得。但在空间探索过程中，受地表气流运动、太阳辐射、地表湿度及地磁场等因素影响，将导致成像设备捕获图像的质量下降，从而使其失去应用价值。因此，大气湍流模糊降质图像复原的研究对于人类拓展认知空间具有重要意义。

第一节 大气湍流模糊概述

一、大气湍流模糊的成因

大气作为成像过程中光线的传输介质可能受外界诸多因素影响（如太阳辐射不均下的气温差异，热岛效应下的大气对流，地表风速、湿度及磁场变化等），这些因素会使大气分布不均、密度改变，进而导致其光线折射率发生变化，光线通过不均匀的传输介质发生折射或衍射，由光线聚合的成像点发生偏移，因此发生大气湍流模糊图像降质现象[76]。其适用的应用场景有航空遥感、天文观测、太空探索等。

二、大气湍流的分类及其特点

大气湍流形成过程[77]（图 8-1）：大气最先出现的涡旋即大尺度湍流，其气流范围称为大气湍流的外尺度（标记为 L_0）；大尺度湍流的能量来源于外界，不同尺度的大气湍流之间存在能量传递，能量流动使大尺度湍流自身结构并不稳定；伴随能量输出，大尺度湍流不断分裂为小尺度湍流，其气流范围称为大气湍流的内尺度（标记为 l_0）。以大尺度湍流为参考，其外尺度以下各级大气湍流的尺度可表示为：

$$L_n = L_0 r^n，n = 1，2，\cdots，且 0 < r < 1 \tag{8-1}$$

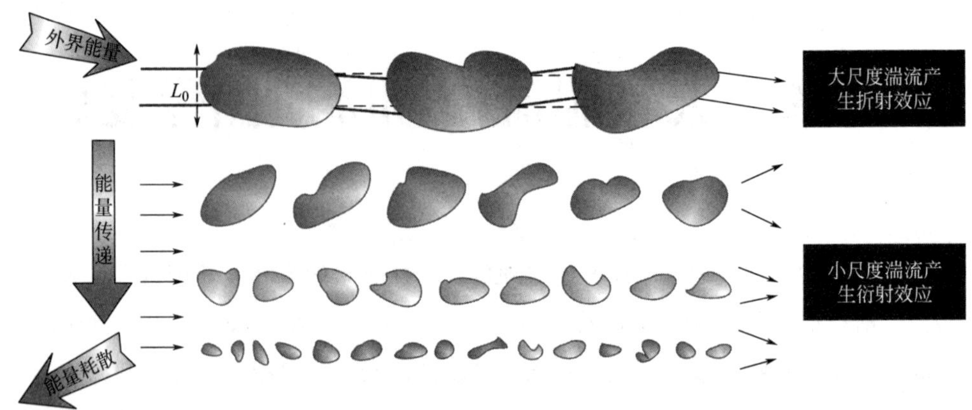

图 8-1 图像大气湍流模糊及其成像过程

大气湍流根据气流尺度范围及能动关系可划分为不同区域，包括能量区、惯性区与耗散区[76-78]。

（1）能量区。其气流尺度范围大于 L_0，该区域气流受外界能量影响，大气整体湍流运动。

（2）惯性区。其气流尺度范围 $l_0<L_n<L_0$，该区域气流仍可从外界获取能量，但不断向下一级尺度气流传输能量，动能由大尺度湍流向小尺度湍流传递，能量守恒使大气整体仍能保持运动状态。

（3）耗散区。其气流尺度范围 $L_n<l_0$，该区域气流因流体黏性力影响其动能大量耗散，且从上一级尺度气流获取动能较少，大气整体湍流运动减弱。

光波在大气湍流的不同区域受到不同影响，其在大尺度湍流区域易发生折射效应，其在小尺度湍流区域易发生衍射效应，光线在该传输过程中随机变化，汇聚成像时导致图像模糊。

三、大气湍流模糊的数学模型

Hufnagel 等[76-77] 根据大气湍流物理特征与成像质量的关系，提出了与大气湍流关联的图像降质模型，其模糊算子 PSF 可表示为：

$$H(u,\ v) = \mathrm{e}^{-c(u^2+v^2)^{5/6}} \tag{8-2}$$

式中：c 为大气湍流性质的关联常数，可用于调控成像的清晰度；u 与 v 分别表示频域变换中的离散变量。

大气湍流主要通过光线在不确定情况下的折射、衍射等因素影响成像质量（图8-2），所以同样可以使用表达光学系统中相差、衍射等因素的高斯退化函数来近似描述大气湍流模糊图像降质模型，其模糊算子 PSF 可表示为：

$$H(x, y) = \begin{cases} K\exp\left(-\dfrac{a(x^2 + y^2)}{2\sigma^2}\right), & (x, y) \in C \\ 0, & \text{others} \end{cases} \tag{8-3}$$

式中：K 与 a 为常数；σ^2 记录图像的模糊程度；C 为 H（x，y）的支持域。

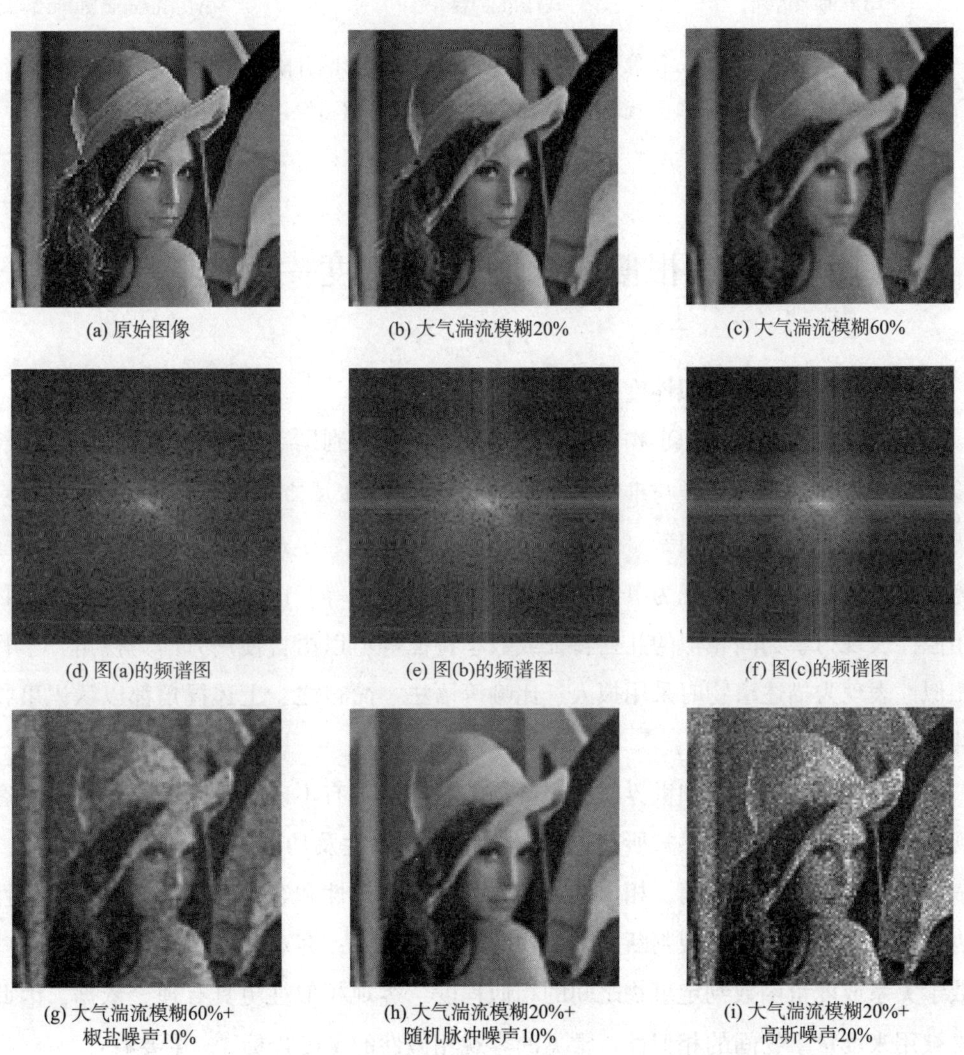
(a) 原始图像　(b) 大气湍流模糊20%　(c) 大气湍流模糊60%
(d) 图(a)的频谱图　(e) 图(b)的频谱图　(f) 图(c)的频谱图
(g) 大气湍流模糊60%+椒盐噪声10%　(h) 大气湍流模糊20%+随机脉冲噪声10%　(i) 大气湍流模糊20%+高斯噪声20%

图 8-2

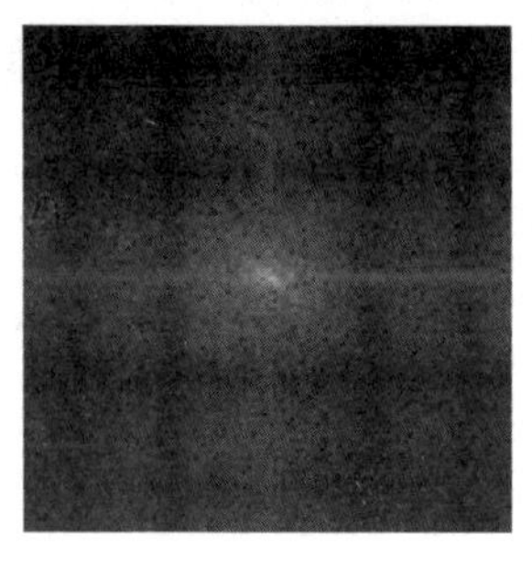
(j) 图(g)的频谱图

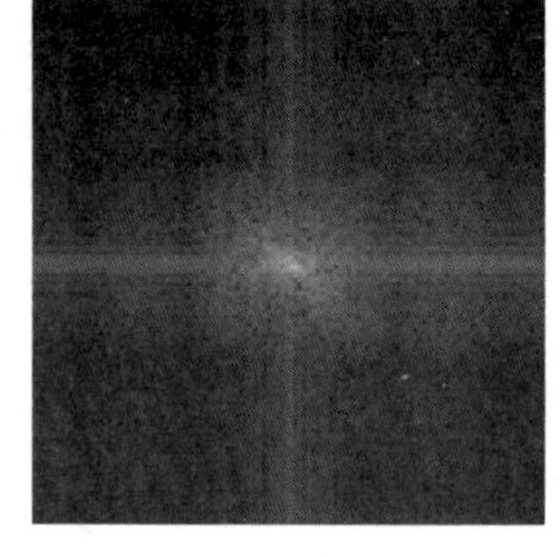
(k) 图(h)的频谱图

(l) 图(i)的频谱图

图 8-2　Lena 图像受不同程度大气湍流模糊影响并附加各类噪声干扰的降质图像及其对应的频谱图像

第二节　图像相似度及图像相似度—反应扩散模型

一、相似原理及相似性度量

相似性是人类从认识事物特点、感知事物特性与判别事物特征过程中总结的经验，是对事物进一步分类与推理的基础[79]。相似性涉及诸多因素，包括外界环境、历史与文化、人类自身因素（如语义情感、心理状况、生理反应）等。以哲学方面为视角，事物相似性表现为事物间共性或其内在联系等；以数学方面为视角，事物相似性表现为事物间相似的几何特征或数学特征等；以语言使用方面为视角，事物相似性表现为描述事物时采用拟人、比喻等语法。简言之，上述视角都以认识事物共性为目标。

相似性作为人类感知世界与认识事物的基础，具有不确定性，易受各类主、客观因素影响，因此通过感知所获取的事物特征、属性及功能等同样存在不确定性。依据人类认识事物的视角，相似性可划分为主观相似性和客观相似性。主观相似性表现为根据人类自身主观判断分辨事物间的相似程度；客观相似性表现为依据某些数学关系或度量函数判定事物之间的相似程度。客观相似性更具有理论依据，因此常被用来度量事物间的相似性，常见的客观相似性的量度指标[80] 主要有：

（1）几何相似性度量（geometrical similarity measure，简称 GSM）。主要采用距

离来量度对象间的相似性，常用的 GSM 有欧式距、城市距、测地距等。

（2）特征相似性度量（feature similarity measure，简称 FSM）。主要以特征集合的形式来量度对象间的相似性，FSM 对比 GSM 能够表征对象更加丰富的信息。

（3）匹配相似性度量（matching similarity measure，简称 MSM）。主要基于对象 FSM 并通过量度对象间相同或相异的特征来判别对象间的相似性。

二、图像相似度度量

图像相似度度量（image similarity measure，简称 ISM）是以图像特征相似度测量为基础（包括图像的颜色、边缘纹理、几何形状等）判定图像间的相似程度。在图像处理中，常用的 ISM[79] 主要有：

（1）欧式距离（euclidean distance，简称 ED）。广泛用于各种距离计算；对于图像间距离，其定义如下：

$$ED(X,\ Y) = \sqrt{\sum_{i=1}^{M}\sum_{j=1}^{N}[X(i,\ j) - Y(i,\ j)]^2} \tag{8-4}$$

式中：M 与 N 分别标记两图像大小；$X(i,\ j)$ 与 $Y(i,\ j)$ 分别表示图像 X 与图像 Y 在点（i，j）处的灰度值。

（2）马氏距离（mahalanobis distance，简称 MD）。主要用于量度图像特征向量间的相关性，或图像特征向量具有不同权重时的相似度，其定义如下：

$$MD(X,\ Y) = \sqrt{(X - Y)^{\mathrm{T}}\boldsymbol{C}^{-1}(X - Y)} \tag{8-5}$$

式中：$\boldsymbol{C}$ 表示协方差矩阵。

将图像 X 与 Y 的颜色直方图代入上公式，得：

$$MD(X,\ Y) = \sqrt{(X - Y)^{\mathrm{T}}\boldsymbol{M}(X - Y)} \tag{8-6}$$

式中：$\boldsymbol{M}$ 表示图像的颜色测度系数阵；该公式可用于量度图像间的颜色相似度。

（3）Hausdorff 距离（Hausdorff distance，简称 HD），主要用于量度两个集合间的相似度，其优点是对于集合中点的不确定性，噪声干扰具有较好的鲁棒性。

令集合 $A = \{a_1,\ a_2,\ \cdots,\ a_m\}$ 和 $\boldsymbol{B} = \{b_1,\ b_2,\ \cdots,\ b_n\}$，则 HD 定义如下：

$$HD(\boldsymbol{A},\ \boldsymbol{B}) = \max\{h(\boldsymbol{A},\ \boldsymbol{B}),\ h(\boldsymbol{B},\ \boldsymbol{A})\} \tag{8-7}$$

式中：符号 ‖ ‖ 标记范数；$h(\boldsymbol{A},\ \boldsymbol{B})$ 可表示为 $h(\boldsymbol{A},\ \boldsymbol{B}) = \max\limits_{a \in A}\ \min\limits_{b \in B} \| a - b \|$；$h(\boldsymbol{B},\ \boldsymbol{A})$ 可表示为 $h(\boldsymbol{B},\ \boldsymbol{A}) = \max\limits_{b \in B}\ \min\limits_{a \in A} \| b - a \|$。

根据文献[80]给出的关于图像的相似假设、相似原理及相关证明，构建图像相似度（image similarity，简称为 IS）的数学模型。令图像表示为 $v = \{v(i) \mid i \in I\}$ ，图像中像素点满足 $i \in I$ ，且有 $I_i \subset I$, $|I_i|$ 表示集合 I_i 的势，则相似图像可表示为：

$$\lim_{|I_i| \to \infty} v^0(i) = u(i) \tag{8-8}$$

式中：

$$v^0(i) = \frac{\sum_{j \in I_i} w^0(i,\ j)v(j)}{\sum_{j \in I_i} w^0(i,\ j)} \tag{8-9}$$

$$w^0(i) = \exp\left(-\frac{\| v(N_i^0) - v(N_j^0) \|_{2,\ a}^2}{2h^2}\right) \tag{8-10}$$

上式表明，当集合 I_i 的势 $|I_i|$ 越大，图像相似度越大。

$N_i(d)$ 表示以 i 为中心像素点且窗口大小为 $d \times d$ 的像素点集合，N_i^0 为集合 $N_i(d)$ 中不包含中心点 i 的像素集；h 为控制参数；$v(N_i^0)$ 表示窗口中除中心像素点之外其他像素点值构成的向量；$\| v(N_i^0) - v(N_j^0) \|_{2,\ a}^2$ 表示向量 $v(N_i^0)$ 和向量 $v(N_j^0)$ 的加权范数，即：

$$\| v(N_i^0) - v(N_j^0) \|_{2,\ a}^2 = \sum_{k \in N_i} a(i,\ k) \mid v(k) - v(Tk) \mid^2 \tag{8-11}$$

式中：T 表示图像中像素点之间的平移变换，即 $N_j = TN_i$ ；$a(i,\ k) > 0$ 为权重函数，常取欧式范数。

三、图像相似度—反应扩散模型

图像在拍摄过程中，光照环境会直接影响图像质量，尤其在太空探索或航空拍摄过程中，其有限的光照条件带来的影响更加明显；另外，与光照条件影响密切相关的图像各像素点的灰度值在［0，255］范围内其取值呈高斯分布，且在图像的局部相邻像素点集合中其数值同样呈高斯分布。由上述内容可知，图像像素值在局部范围内呈现近似分布，具有相似性，这为后续建模过程提供了依据。因此，本章基于图像相似度和第四章提及的反应扩散模型，构建适用于复原大气湍流模糊降质图像的图像相似度—反应扩散模型。

（1）根据图像相似度，构造光学相似度函数（photometric similarity function，简称 PSF），其定义如下：

$$\mathrm{PSF} = \frac{1}{w_{i,j}} \sum_{m=-q}^{q} \sum_{l=-q}^{q} \exp\left(-\frac{(I(i,j) - I(i-m,j-l))^2}{2\sigma_p^2}\right) \times \exp\left(-\frac{m^2+l^2}{2\sigma_g^2}\right) I(i-m,j-l) \tag{8-12}$$

$$w_{i,j} = \sum_{m=-q}^{q} \sum_{l=-q}^{q} \exp\left(-\frac{(I(i,j) - I(i-m,j-l))^2}{2\sigma_p^2}\right) \exp\left(-\frac{m^2+l^2}{2\sigma_g^2}\right) \tag{8-13}$$

式中：$I(i, j)$ 表示图像各像素点的灰度值，其窗口大小为 $(2m+1)\times(2n+1)$；σ_p 和 σ_g 分别代表相似因子，即依据图像相似度平滑图像并保护图像细节的程度。

（2）结合光学相似度函数（PSF）与 RDER 模型，建立图像相似度—反应扩散模型（image similarity-reaction-diffusion equation，简称 ISRDE），其定义如下：

$$\mathrm{ISRDE} = \lambda\left(\frac{(1 - I^n(i,j)/I^n(m,l)) \cdot PSF}{\sum_{m=-q}^{q}\sum_{l=-q}^{q} g(|\nabla G_\sigma \cdot I^n(i-m,j-l)|)} + f(I^n(i,j))\right) + I^n(i,j) \tag{8-14}$$

式中：λ 为扩散系数（其取值参见"实验与分析"）；G_σ 为高斯平滑核函数（σ 为平滑因子），可表示为：

$$G_\sigma(x, y) = \frac{1}{2\pi\sigma^2}\exp\left(-\frac{x^2+y^2}{2\sigma^2}\right) \tag{8-15}$$

式中：σ 为常数，在本文中取值为 1；x 与 y 用于标记图像 $I(i, j)$ 中像素点位置。

上述公式中扩散函数 $g(|x|)$ 满足：

$$g(0) = 1\ ,\ \lim_{x\to+\infty} g(x) = 0 \tag{8-16}$$

且 $g(|x|) = 1 + kx^2$

式中：$k = |\nabla G_\sigma(x, y)|$ 。

公式（8-14）中 $f(I)$ 为反应项，可发挥量化作用，并能够降低计算复杂度。根据经典的 Lloyd 方法，反应项 $f(I)$ 由下式给出：

$$f(I) = \begin{cases} -(\mu - I),\ I \leqslant \mu_1 \\ -\dfrac{2+\sin[(I-\mu_k)(I-v_k)]\cos[(I-\mu_k)(I-v_k)]}{v_k - \mu_k},\ I \in [\mu_k, v_k) \\ \dfrac{2+\sin[(I-\mu_{k+1})(I-v_k)]\cos[(I-\mu_{k+1})(I-v_k)]}{\mu_{k+1} - v_k},\ I \in [v_k, \mu_{k+1}) \\ -(I - \mu_{k+1}),\ I \geqslant \mu_{k+1} \end{cases} \tag{8-17}$$

式中：k 为量化器 Q_s 的量化级数，此处量化级数取 $k=3$，且量化器 Q_s 的代码字和分离项满足：$n_1 < m_1 < n_2 < m_2 < \cdots < n_k < m_k < n_{k+1}$。

（3）根据大气湍流的特征与 ISRDE 的描述，构建基于图像相似度—反应扩散理论的大气湍流模糊降质图像复原模型，其中 $I^n(i, j)$ 定义如下：

$$\begin{aligned}\frac{I^{n+1}(i,j)-I^n(i,j)}{\tau} = \frac{(g^*)^n(i,j)}{h}\{&2\times[(I^n(i+1,j)+I^n(i-1,j))+\\&(I^n(i,j+1)+I^n(i,j-1))]+(I^n(i+1,j+1)+\\&I^n(i-1,j-1))+(I^n(i+1,j-1)+I^n(i-1,j+1))-\\&12I^n(i,j)\}+2(g)^n(i,j)I^n(i,j)+f(I^n(i,j))\end{aligned} \quad (8-18)$$

式中：τ 与 h 分别表示时间步长与空间步长因子；$g^*(I)$ 定义为 $g^*(I)=g(|\nabla G_\sigma \cdot I^k|)$。

第三节　图像去大气湍流模糊

一、算法设计

根据图像相似度—反应扩散模型，并结合大气湍流模糊的特征，设计基于图像相似度—反应扩散理论的大气湍流模糊降质图像复原算法，其步骤见表 8-1。

表 8-1　大气湍流模糊降质图像复原算法

算法 4　大气湍流模糊降质图像复原算法	
输入	大气湍流模糊降质图像 I，其大小为 $M\times N$
输出	去除大气湍流模糊的复原图像 $\boldsymbol{y}_o$，其大小为 $M\times N$
步骤	
第 1 步	选取待复原的降质图像 I 中（即 $M\times N$ 个像素点集合）第 K 个像素点 （注：$0\leqslant i<M$ 且 $0<j\leqslant N$；$K=i\cdot N+j$ 且 $0<K\leqslant M\cdot N$）
第 2 步	初始化或重置相关参数：q，λ，σ_p，σ_g，h，τ
第 3 步	预处理阶段 1（即求解局部图像的光学相似度），对第 K 个像素点进行如下操作 ①确定该像素点的邻域窗口，其大小为 $q\times q$（即包含 $q\times q$ 个像素点元素的图像 I 的子集） ②根据公式（8-12）和公式（8-13），计算该窗口中局部图像的光学相似度（PSF）
第 4 步	预处理阶段 2（即求解图像的模糊算子），对第 K 个像素点进行如下操作 ①根据公式（8-15），求解 Gaussian 平滑核函数 ②根据公式（8-18），计算与像素点关联窗口的值

续表

第 5 步	大气湍流模糊去除阶段，对第 K 个像素点进行如下操作 利用高斯平滑核函数与 $I^n(i, j)$，根据公式（8-14）估计并恢复该像素点的像素值，去除降质图像中该像素点的大气湍流模糊
第 6 步	判断大气湍流模糊降质图像 I 中是否所有像素点均完成大气湍流模糊降质图像复原操作 ①若整副图像处理未完成，则转至第 1 步操作，并选取第 K+1 个待处理像素点 ②若整副图像处理完毕，则继续第 7 步操作
第 7 步	输出去除大气湍流模糊后的复原图像 $\boldsymbol{y}_o$

二、算法流程

基于图像相似度—反应扩散理论的大气湍流模糊降质图像复原算法的执行流程如图 8-3 所示。

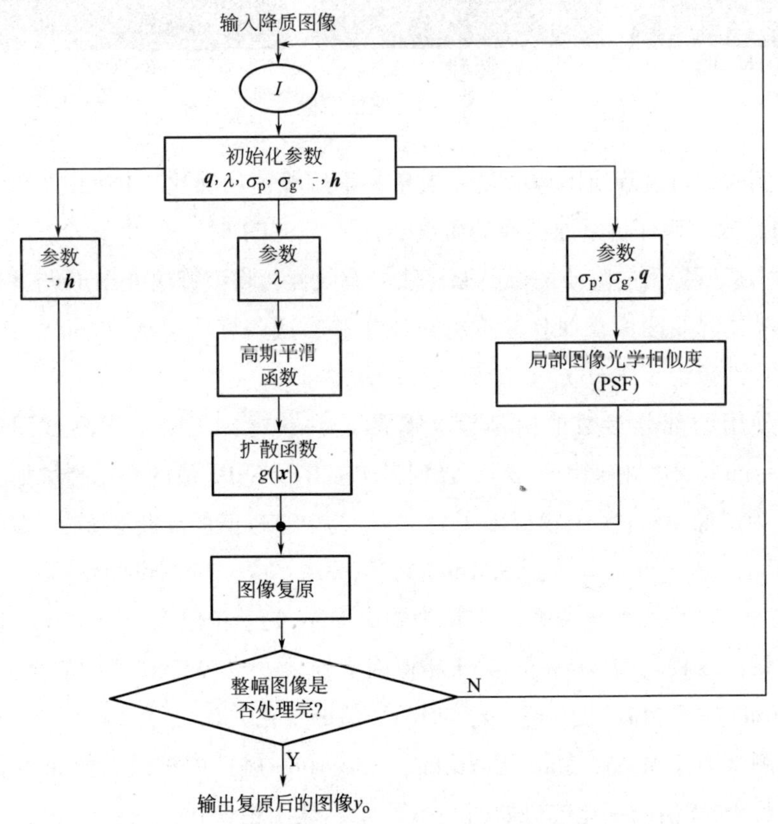

图 8-3　大气湍流模糊降质图像复原算法的执行流程

三、实验与分析

1. 实验说明

针对本章所提出的基于图像相似度—反应扩散理论的大气湍流模糊降质图像复原模型及算法，以 Matlab7.8 为测试平台完成仿真实验，选取三幅测试图像：第一幅来自中国于 2007 年发射的“嫦娥一号”月球探测器拍摄的月球表面图像 Moon，其大小为 256×256；第二幅来自美国国家航空和宇宙航行局（NASA）获取的火星表面图像 Mars，其大小为 320×450；第三幅来自中国玉树地震时卫星获取的遥感图像 Yushu，其大小为 410×700。如图 8-4 所示。

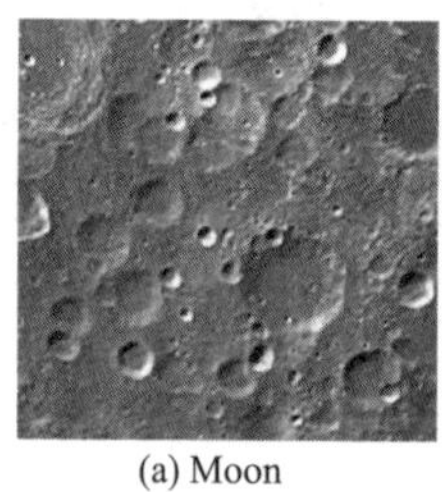
(a) Moon

(b) Mars

(c) Yushu

图 8-4　测试图像

仿真实验为量度降质图像的复原质量，采用峰值信噪比（PSNR）和结构相似度（SSIM）来客观评价复原图像的质量，且计算 SSIM 时，令 $C_1 = C_2 = 1$。仿真实验为测评本章所提出的降质图像复原算法的有效性，将该算法 ISRDE 与其他常见表现较好的模糊降质图像复原算法进行对比实验，这些算法包括 Wiener，Richardson Lucy（迭代次数为 5 或 50），SADA[56] 及 RF[81]。

本章使用的部分参数值由预设实验测定并获得，实验中当测试图像 Moon，Mars 及 Yushu 取不同相似因子 σ_p，σ_g 时其 PSNR 及 SSIM 值的变化趋势如图 8-5 所示：（a）为图像 Moon 关于相似因子 σ_p，σ_g 与 PSNR 值的变化关系；（b）为图像 Moon 关于相似因子 σ_p，σ_g 与 SSIM 值的变化关系；（c）为图像 Mars 关于相似因子 σ_p，σ_g 与 PSNR 值的变化关系；（d）为图像 Mars 关于相似因子 σ_p，σ_g 与 SSIM 值的变化关系；（e）为图像 Yushu 关于相似因子 σ_p，σ_g 与 PSNR 值的变化关系；（f）为图像 Yushu 关于相似因子 σ_p，σ_g 与 SSIM 值的变化关系。

对于测试图像 Moon，Mars 与 Yushu，公式（8-14）中扩散系数 λ 变化时图像的 PSNR 及 SSIM 值的变化趋势如图 8-6 所示。从图中获知，图像的 PSNR 及 SSIM 值随扩散系数 λ 的变化并不明显，因此本章中扩散系数取值为 $\lambda \in [0.001, 1]$。

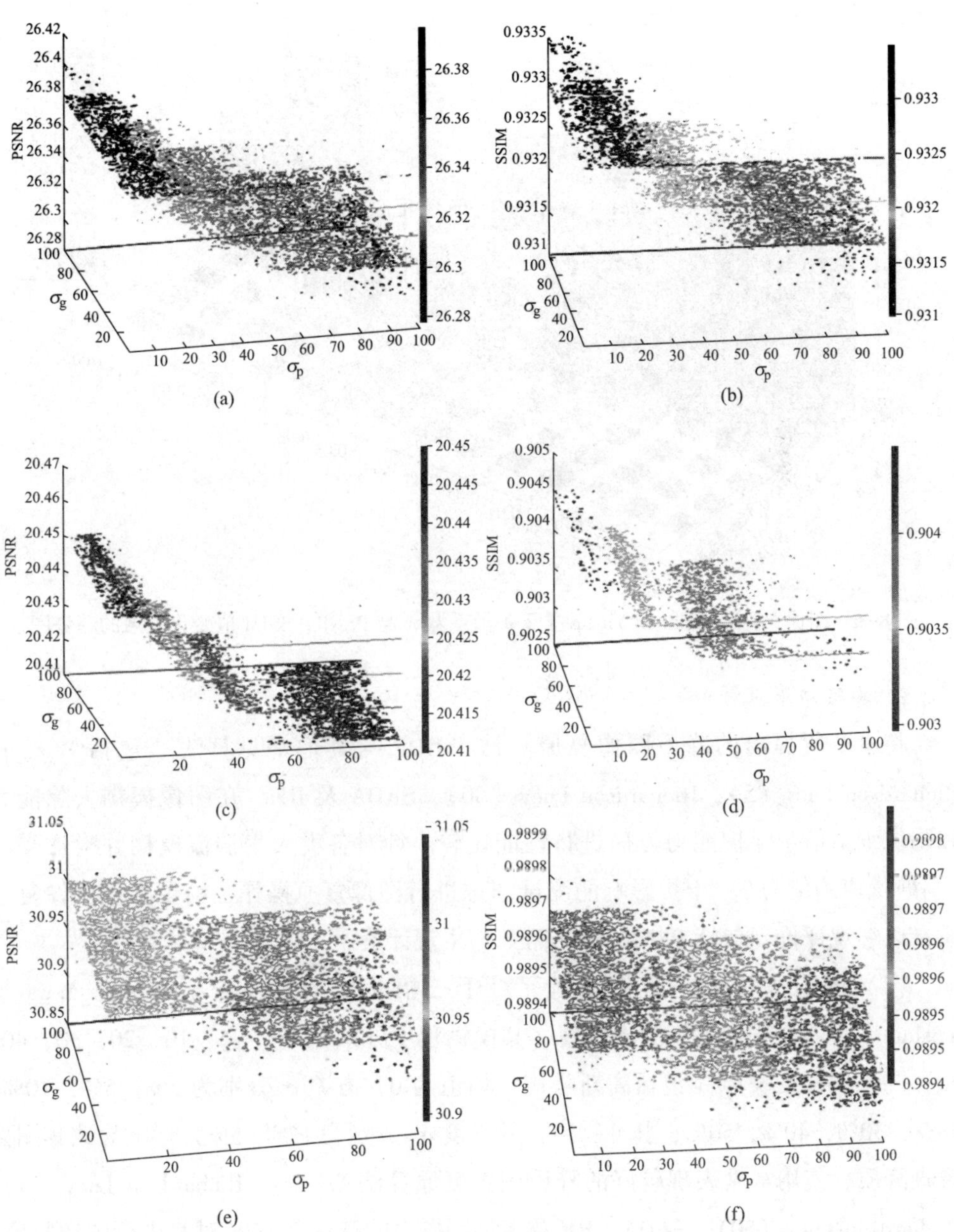

图 8-5　图像 Moon，Mars 和 Yushu 关于相似因子 σ_p ，σ_g 与 PSNR，SSIM 值变化关系的趋势图

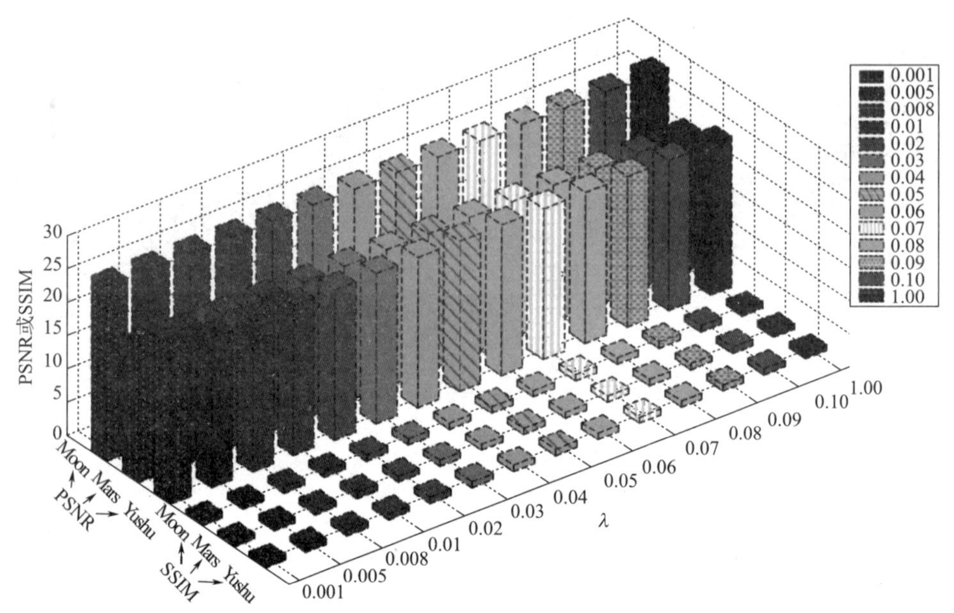

图 8-6　图像 Moon，Mars 和 Yushu 关于扩散系数 λ 与 PSNR，SSIM 值变化关系的趋势图

2. 实验结果及评价

将本章所提出的降质图像复原算法 ISRDE 与其他常见算法［包括 Wiener，Richardson Lucy（5），Richardson Lucy（50），SADA 及 RF］在图像模糊去除能力和图像细节信息保护能力方面进行性能比较。针对各类大气湍流模糊并附加噪声（高斯噪声均值为 0）干扰影响的测试图像进行图像复原操作，给予降质图像复原质量以客观评价（包括 PSNR 和 SSIM）与主观评价。

（1）图像去模糊的性能实验。对于三幅测试图像（包括 Moon，Mars 与 Yushu），受不同程度大气湍流模糊（其模糊程度分别为 $\boldsymbol{\sigma}_{\text{blur}}=5$，10，20，30，40，50）与不同强度噪声（包括高斯噪声，均值为 0，方差 σ 分别为 2%，5%，10%，20%，30%，40%，50%；脉冲噪声，其强度 σ_s 分别为 1%与 5%）影响导致其图像模糊降质，使用常见表现较好的降质图像复原算法 Wiener，Richardson Lucy（5），Richardson Lucy（50），SADA，RF 及本章所提出的算法 ISRDE 对其进行图像复原，复原后的图像 PSNR 与 SSIM 值见表 8-2～表 8-4。从表中数据获知，对比其他降质图像复原算法，本章所提出的算法 ISRDE 可取得较好的 PSNR 与 SSIM 值，即大气湍流模糊降质图像应用算法 ISRDE 复原后具有较好图像质量。

表 8-2 图像 Moon 受不同程度大气湍流模糊与不同强度噪声影响降质再由不同算法将其复原后的 PSNR（dB）与 SSIM（$\sigma_p=10$，$\sigma_g=10$，$\lambda=0.001$）

噪声种类及强度	模糊程度	Wiener	Richardson Lucy（5）	Richardson Lucy（50）	SADA	RF	**ISRDE**
GN（σ=2%）	AT（σ_{blur}=5）	15.92/0.65	22.55/0.84	17.91/0.69	24.83/0.89	24.92/0.93	**26.73/0.93**
GN（σ=5%）	AT（σ_{blur}=5）	15.88/0.65	22.54/0.84	17.86/0.69	24.80/0.89	24.48/0.92	**26.65/0.93**
GN（σ=10%）	AT（σ_{blur}=5）	15.94/0.66	22.51/0.84	17.93/0.69	24.71/0.89	23.59/0.90	**26.38/0.93**
GN（σ=10%）	AT（σ_{blur}=10）	15.75/0.65	22.51/0.84	17.90/0.69	24.72/0.89	23.60/0.90	**26.37/0.93**
GN（σ=20%）	AT（σ_{blur}=10）	15.20/0.63	22.40/0.84	17.73/0.68	24.41/0.89	20.96/0.85	**25.51/0.92**
GN（σ=30%）	AT（σ_{blur}=10）	15.12/0.62	22.19/0.83	17.39/0.67	23.91/0.88	18.57/0.78	**24.35/0.90**
GN（σ_g=40%）	AT（σ_{blur}=10）	14.57/0.60	21.93/0.83	21.54/0.83	23.28/0.87	16.45/0.70	**23.33/0.88**
GN（σ=50%）	AT（σ_{blur}=10）	13.86/0.58	21.62/0.82	21.14/0.82	22.62/0.86	14.72/0.63	**22.93/0.86**
GN（σ=20%）	AT（σ_{blur}=20）	15.43/0.63	22.39/0.84	22.45/0.85	24.39/0.89	20.84/0.85	**25.46/0.92**
GN（σ=20%）	AT（σ_{blur}=30）	15.43/0.63	22.39/0.84	22.39/0.84	24.41/0.89	21.05/0.85	**25.50/0.92**
GN（σ=20%）	AT（σ_{blur}=40）	15.22/0.62	22.41/0.84	17.49/0.67	24.42/0.89	20.69/0.84	**25.44/0.91**
GN（σ=20%）	AT（σ_{blur}=50）	15.29/0.63	22.38/0.84	17.55/0.68	24.41/0.89	20.70/0.84	**25.51/0.92**
S&P（σ_s=1%）	AT（σ_{blur}=5）	11.11/0.48	22.48/0.83	19.33/0.77	24.61/0.89	22.96/0.90	**26.1/0.92**
S&P（σ_s=5%）	AT（σ_{blur}=5）	11.15/0.49	22.15/0.82	18.70/0.75	23.81/0.87	18.72/0.80	**24.34/0.90**
S&P（σ_s=5%）	AT（σ_{blur}=10）	10.79/0.48	22.15/0.82	18.92/0.75	23.74/0.87	18.73/0.80	**24.24/0.89**
S&P（σ_s=5%）	AT（σ_{blur}=20）	10.92/0.48	22.12/0.82	18.94/0.76	23.70/0.87	18.61/0.80	**24.24/0.90**
S&P（σ_s=5%）	AT（σ_{blur}=30）	10.24/0.45	22.14/0.82	18.91/0.75	23.72/0.87	18.68/0.80	**24.23/0.89**
S&P（σ_s=5%）	AT（σ_{blur}=40）	11.01/0.48	22.16/0.82	18.88/0.75	23.76/0.87	18.76/0.80	**24.28/0.90**
S&P（σ_s=5%） GN（σ=5%）	AT（σ_{blur}=40）	15.94/0.65	22.54/0.84	17.98/0.69	24.80/0.89	24.59/0.92	**26.62/0.94**
S&P（σ_s=1%） GN（σ=10%）	AT（σ_{blur}=40）	15.80/0.65	22.51/0.84	17.83/0.68	24.72/0.89	23.64/0.90	**26.37/0.93**

注 GN 指高斯噪声，S&P 指脉冲噪声，AT 指大气湍流模糊程度。

表 8-3 图像 Mars 受不同程度大气湍流模糊与不同强度噪声影响降质再由不同算法将其复原后的 PSNR（dB）与 SSIM（$\sigma_p=10$，$\sigma_g=10$，$\lambda=0.001$）

噪声种类及强度	模糊程度	Wiener	Richardson Lucy（5）	Richardson Lucy（50）	SADA	RF	**ISRDE**
GN（σ=2%）	AT（$\sigma_{blur}=5$）	12.74/0.74	18.10/0.84	15.04/0.73	19.44/0.87	18.52/0.87	**20.33/0.90**
GN（σ=5%）	AT（$\sigma_{blur}=5$）	12.63/0.73	18.09/0.84	14.99/0.73	19.43/0.87	18.40/0.87	**20.32/0.90**
GN（σ=10%）	AT（$\sigma_{blur}=5$）	12.63/0.73	18.08/0.84	15.02/0.73	19.40/0.87	18.00/0.86	**20.28/0.90**
GN（σ=10%）	AT（$\sigma_{blur}=10$）	12.58/0.73	18.08/0.84	15.01/0.73	19.40/0.87	17.89/0.86	**20.25/0.89**
GN（σ=20%）	AT（$\sigma_{blur}=10$）	11.86/0.71	18.04/0.84	14.71/0.72	19.31/0.87	16.49/0.83	**20.08/0.89**
GN（σ=30%）	AT（$\sigma_{blur}=10$）	11.25/0.68	17.96/0.84	14.76/0.73	19.15/0.87	14.92/0.79	**19.79/0.89**
GN（σ=40%）	AT（$\sigma_{blur}=10$）	10.35/0.65	17.85/0.84	14.27/0.71	18.94/0.87	13.30/0.75	**19.37/0.88**
GN（σ=50%）	AT（$\sigma_{blur}=10$）	10.37/0.64	17.74/0.84	14.48/0.72	18.67/0.86	11.87/0.70	**18.84/0.87**
GN（σ=20%）	AT（$\sigma_{blur}=20$）	12.26/0.72	18.04/0.84	14.90/0.73	19.30/0.87	16.49/0.83	**20.08/0.89**
GN（σ=20%）	AT（$\sigma_{blur}=30$）	12.09/0.71	18.04/0.84	14.93/0.73	19.30/0.87	16.46/0.83	**20.08/0.89**
GN（σ=20%）	AT（$\sigma_{blur}=40$）	12.17/0.72	18.04/0.84	14.95/0.73	19.30/0.87	16.46/0.83	**20.07/0.89**
GN（σ=20%）	AT（$\sigma_{blur}=50$）	12.33/0.72	18.04/0.84	14.99/0.73	19.31/0.87	16.48/0.83	**20.08/0.89**
S&P（σ_s=1%）	AT（$\sigma_{blur}=5$）	9.39/0.65	18.08/0.84	16.87/0.82	19.35/0.87	17.52/0.85	**20.18/0.89**
S&P（σ_s=2%）	AT（$\sigma_{blur}=5$）	9.54/0.65	18.04/0.84	16.81/0.82	19.27/0.87	16.65/0.83	**20.03/0.89**
S&P（σ_s=5%）	AT（$\sigma_{blur}=10$）	8.84/0.63	17.91/0.83	16.50/0.81	18.99/0.86	14.87/0.79	**19.55/0.88**
S&P（σ_s=10%）	AT（$\sigma_{blur}=5$）	8.95/0.63	17.69/0.81	16.37/0.80	18.55/0.84	13.21/0.74	**18.83/0.86**
S&P（σ_s=10%）	AT（$\sigma_{blur}=20$）	9.06/0.63	17.68/0.81	16.35/0.80	18.53/0.84	12.99/0.74	**18.79/0.86**
S&P（σ_s=1%） GN（σ=20%）	AT（$\sigma_{blur}=5$）	11.89/0.70	18.04/0.84	14.84/0.73	19.31/0.87	16.59/0.83	**20.11/0.89**
S&P（σ_s=5%） GN（σ_g=20%）	AT（$\sigma_{blur}=5$）	12.04/0.71	18.04/0.84	14.83/0.73	19.30/0.87	16.58/0.83	**20.10/0.89**
S&P（σ_s=5%） GN（σ=20%）	AT（$\sigma_{blur}=10$）	12.09/0.71	18.04/0.84	14.92/0.73	19.31/0.87	16.51/0.83	**20.09/0.89**
S&P（σ_s=5%） GN（σ=20%）	AT（$\sigma_{blur}=20$）	12.15/0.71	18.04/0.84	14.97/0.73	19.30/0.87	16.43/0.83	**20.07/0.89**
S&P（σ_s=5%） GN（σ=20%）	AT（$\sigma_{blur}=30$）	12.03/0.71	18.03/0.84	14.73/0.72	19.30/0.87	16.50/0.83	**20.07/0.89**
S&P（σ_s=5%） GN（σ=20%）	AT（$\sigma_{blur}=40$）	12.35/0.72	18.04/0.84	15.04/0.74	19.30/0.87	16.55/0.83	**20.06/0.89**
S&P（σ_s=5%） GN（σ=5%）	AT（$\sigma_{blur}=40$）	12.52/0.73	18.09/0.84	14.99/0.73	19.42/0.87	18.30/0.87	**20.28/0.89**
S&P（σ_s=1%） GN（σ=10%）	AT（$\sigma_{blur}=40$）	12.51/0.73	18.08/0.84	14.98/0.73	19.40/0.87	17.90/0.86	**20.24/0.89**

注 GN 指高斯噪声，S&P 指脉冲噪声，AT 指大气湍流模糊程度。

表 8-4 图像 Yushu 受不同程度大气湍流模糊与不同强度噪声影响后降质再由不同算法将其复原后的 PSNR（dB）与 SSIM（$\sigma_p=10$，$\sigma_g=10$，$\lambda=0.001$）

噪声种类及强度	模糊程度	Wiener	Richardson Lucy（5）	Richardson Lucy（50）	SADA	RF	**ISRDE**
GN（σ=2%）	AT（σ_{blur}=5）	1.03/0.27	17.62/0.81	13.70/0.68	21.47/0.90	14.77/0.77	22.53/092
GN（σ=5%）	AT（σ_{blur}=5）	1.01/0.27	17.62/0.81	13.69/0.68	21.46/0.90	14.72/0.77	22.52/092
GN（σ=10%）	AT（σ_{blur}=5）	0.96/0.26	17.61/0.81	13.65/0.68	21.42/0.90	14.52/0.76	22.46/0.92
GN（σ=10%）	AT（σ_{blur}=10）	1.06/0.27	17.61/0.81	13.68/0.68	21.41/0.89	14.50/0.76	22.42/0.92
GN（σ=20%）	AT（σ_{blur}=10）	0.81/0.26	17.57/0.81	13.61/0.68	21.26/0.89	13.80/0.74	22.15/0.92
GN（σ=30%）	AT（σ_{blur}=10）	0.89/0.26	17.51/0.81	13.59/0.68	21.02/0.89	12.85/0.71	21.66/091
GN（σ=40%）	AT（σ_{blur}=10）	0.67/0.26	17.42/0.81	13.43/0.67	20.69/0.88	11.76/0.68	20.99/090
GN（σ=50%）	AT（σ_{blur}=10）	0.29/0.25	17.30/0.80	13.29/0.67	20.22/088	10.68/0.64	20.24/0.89
GN（σ=20%）	AT（σ_{blur}=20）	0.97/0.27	17.57/0.81	13.64/0.68	21.25/0.89	13.78/0.74	22.13/0.91
GN（σ=20%）	AT（σ_{blur}=30）	0.96/0.27	17.57/0.81	13.64/0.68	21.26/0.89	13.78/0.74	22.14/092
GN（σ=20%）	AT（σ_{blur}=40）	1.00/0.27	17.57/0.81	13.66/0.68	21.26/0.89	13.79/0.74	22.14/091
GN（σ=20%）	AT（σ_{blur}=50）	1.04/0.27	17.57/0.81	13.66/0.68	21.26/0.89	13.81/0.74	22.14/0.92
S&P（σ_s=1%）	AT（σ_{blur}=5）	1.15/0.27	17.60/0.81	13.71/0.68	21.33/0.89	14.34/0.76	22.30/0+92
S&P（σ_s=5%）	AT（σ_{blur}=5）	0.97/0.26	17.53/0.80	13.70/0.68	20.82/0.88	12.94/0.71	21.40/0.90
S&P（σ_s=5%）	AT（σ_{blur}=10）	1.19/0.27	17.54/0.80	13.71/0.68	20.81/0.88	12.88/0.71	21.36/090
S&P（σ_s=5%）	AT（σ_{blur}=20）	1.23/0.27	17.53/0.80	13.74/0.68	20.80/0.88	12.83/0.71	21.35/090
S&P（σ_s=5%）	AT（σ_{blur}=30）	1.22/0.27	17.53/0.80	13.78/0.68	20.81/0.88	12.87/0.71	21.37/0.90
S&P（σ_s=5%）	AT（σ_{blur}=40）	1.24/0.27	17.53/0.80	13.72/0.68	20.80/0.88	12.SS/0.71	21.35/0+90
S&P（σ_s=5%） GN（σ=5%）	AT（σ_{blur}=40）	1.07/0.27	17.53/0.80	13.66/0.68	20.80/0.88	12.84/0.71	21.34/0.90
S&P（υ_s-1%） GN（σ=10%）	AT（σ_{blur}=40）	1.33/0.28	17.41/0.78	13.75/0.68	20.15/0.86	11.41/0.66	20.28/0.87

注 GN 指高斯噪声，S&P 指脉冲噪声，AT 指大气湍流模糊程度。

（2）图像细节信息保护的性能实验。关于降质图像复原算法对图像细节信息保护的性能分析，可参考图 8-7~图 8-9 所示实验结果。通过本章所提出的算法 ISRDE 与其他算法（包括 Wiener，Richardson Lucy（5），Richardson Lucy（50），RF 及 SADA）的对比实验，给出图像 Moon，Mars 及 Yushu 受不同程度大气湍流模糊影响并附加不同强度噪声干扰降质再由各类降质图像复原算法恢复后的效果图。从各组实验效果图分析获知，本章所提出的算法 ISRDE 对比其他算法可在复原后的灰度图像或彩色图像中保留更多的细节信息，特别在受不同程度大气湍流模糊影响降质图像的复原过程中表现出较好的去除模糊性能，且对不同噪声干扰具有一定的鲁棒性。

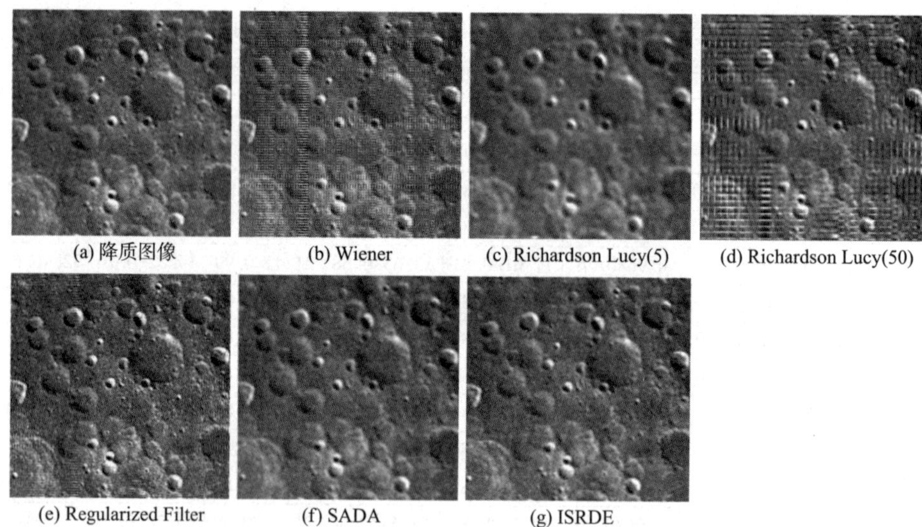

图 8-7 Moon 图像受大气湍流模糊（ $\sigma_{\text{blur}}=30$）影响并附加噪声干扰（包含 20%高斯噪声强度与 5%脉冲噪声强度）降质及利用各种降质图像复原算法复原后的图像

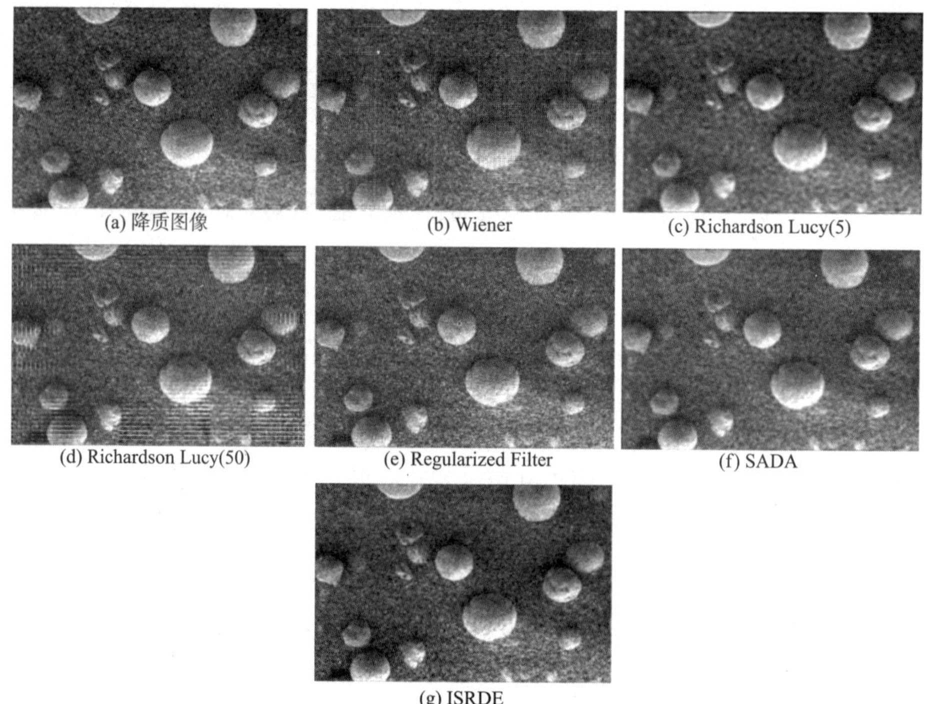

图 8-8 Mars 图像受大气湍流模糊（ $\sigma_{\text{blur}}=40$）影响并附加噪声干扰（包含 30%高斯噪声强度与 1%脉冲噪声强度）降质及利用各种降质图像复原算法复原后的图像

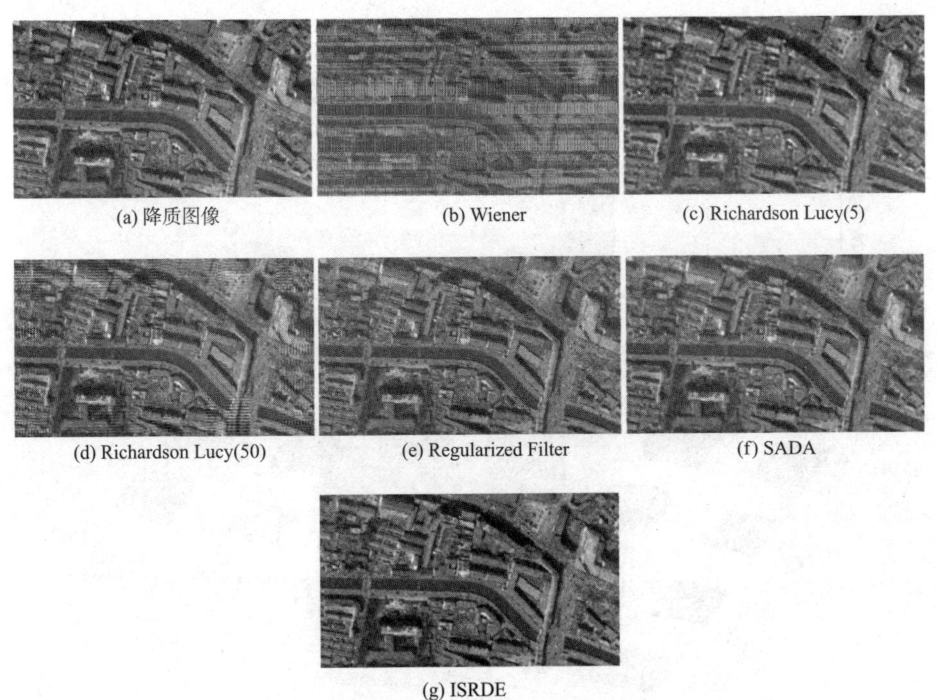

图 8-9 Yushu 图像受大气湍流模糊（$\sigma_{blur}=50$）影响并附加噪声干扰（包含 50%高斯噪声强度与 1%脉冲噪声强度）降质及利用各种降质图像复原算法复原后的图像

3. 算法效率分析

仿真实验在 1.86GHz CPU 与 1GB RAM 配置的 PC 上运行，本章所提出的算法 ISRDE 与 Wiener，Richardson Lucy（5），Richardson Lucy（50），SADA 及 RF 等其他算法针对同一降质图像（包括 Moon，Mars 与 Yushu）在相同运行条件下分别完成 100 次图像复原实验并测算其平均运行时间，实验运行数据如图 8-10 所示。实验运行结果表明，与 Richardson Lucy（迭代次数为 50）算法相比，算法 ISRDE 平均运行时间较少；与其他算法相比，算法 ISRDE 平均运行时间的增加幅度并不明显，但其图像复原能力与图像细节信息保护能力远优于其他算法。因此，综合评价各类降质图像复原算法的成效与代价，本章所提出的基于图像相似度—反应扩散理论的大气湍流模糊降质图像复原算法 ISRDE 具有较好的性能。

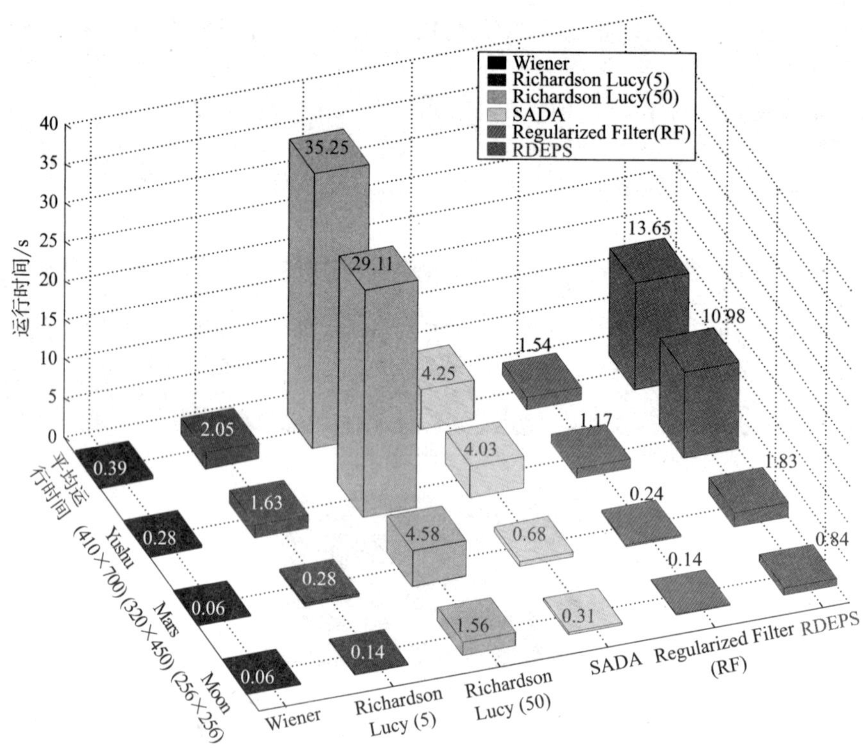

图 8-10　各类降质图像复原算法的运算效率

参考文献

[1] DAVID MARR. Vision: A computational investigation into the human representation and processing of visual information [M]. W. H. Freeman and Company, 1982.

[2] 王耀德，陈家琪，黄文华．论技术创新的起源和动力 [M]．北京：北京理工大学出版社，2006.

[3] Baxes G A. Digital Image Processing: Principles and Applications [M]. New York, 1994: 20-25

[4] A. K. Katsaggelos A K, Schroeder M R, Kohonen T, et al. Digital image restoration [M]. Springer-Verlag New York Inc., 1991.

[5] Cho T S, Zitnick C L, Joshi N, et al. Image Restoration by Matching Gradient Distributions [J]. IEEE Transactions on Pattern Analysis and Machine Intelligence, 2012, 34 (4): 683-694.

[6] 冈萨雷斯．数字图像处理 [M]．2 版．北京：电子工业出版社，2003.

[7] Kour A, Yadav V K, Maheshwari V. A Review on Image Processing [J]. International Journal of Electronics Communication and Computer Engineering, 2013, 4 (1): 270-275.

[8] Egmont-Petersen M, de Ridder D, Handels H. Image Processing with Neural Networks-A Review [J]. Pattern Recognition, 2002, 35 (10): 2279-2301.

[9] Mairal J, Bach F R, Ponce J, et al. Non-local Sparse Models for Image Restoration [C]. In Proc. of the 2009 IEEE 12th International Conference on Computer Vision, Kyoto, Sept. 29-Oct. 2, 2009: 2272-2279.

[10] T Ch. Lin. Decision-based Fuzzy Image Restoration for Noise Reduction Based on Evidence Theory [J]. Expert Systems with Applications, 2011, 38 (7): 8303-8310.

[11] Bertalmio M, Sapiro G, Caselles V, et al. Image Inpainting [C]. In Proc. of the International Conference on Computer Graphics and Interactive Techniques, Louisiana, USA, 2000: 417-424.

[12] 徐庆．眼的光学成像原理 [M]．上海：上海科技教育出版社，2012.

[13] GU L, PODDAR S, LIN Y, et al. A biomimetic eye with a hemispherical perovskite nanowire array retina [J]. Nature, 2020, 581: 278-282.

[14] BELÉN PARDI M, et al. A thalamocortical top-down circuit for associative memory [J]. Science, 2020, 370 (6518): 844-848.

[15] KENNEDY A, et al., Internal states and behavioral decision making: Toward an integration of emotion and cognition [J]. Cold Spring Harb. Symp. Quant. Biol. 2014, 79: 199-210.

[16] ZIRNSAK M, STEINMETZ N, NOUDOOST B, et al. Visual space is compressed in prefrontal

cortex before eye movements [J]. Nature, 2014, 507, 504-507.

[17] ALONSO J M and CHEN Yao. Receptive field [J]. Scholarpedia, 2009, 4 (1): 5393.

[18] HUBEL D H, WIESEL T N. Receptive fields, binocular interaction and functional architecture in the cat's visual cortex [J]. The Journal of physiology, 1962, 160 (1): 106-154.

[19] KELLER A J, ROTH M M, SCANZIANI M . Feedback generates a second receptive field in neurons of the visual cortex [J]. Nature, 2020, 582 (7813): 545-549.

[20] CRISTINA, MEREGALLI, ANNALISA, et al. Bortezomib-induced painful neuropathy in rats: A behavioral, neurophysiological and pathological study in rats [J]. European Journal of Pain, 2010, 14 (4): 343-350.

[21] FIELD G D, GAUTHIER J L, SHER A, et al. Functional connectivity in the retina at the resolution of photoreceptors [J]. Nature, 2010, 467 (7316): 673-673.

[22] SMITH J A, LIN T L, RANSON K J. The Lambertian Assumption and Landsat Data [J]. Photogrammetric Engineering & Remote Sensing, 1980, 46 (9): 1183-1189.

[23] CHEN W W, WANG W X, WANG K, et al. Lane departure warning systems and lane line detection methods based on image processing and semantic segmentation—a review [J]. Journal of Traffic and Transportation Engineering (English Edition), 2020.

[24] BUCHSBAUM G. A spatial processor model for object color perception [J]. Journal of the Franklin Institute, 1980, 310 (1): 337-350.

[25] GIJSENIJ A, GEVERS T, WEIJER J V D. Computational Color Constancy: Survey and Experiments [J]. IEEE Transactions on Image Processing, 2011, 20 (9): 2475-2489.

[26] LISANI J L, PETRO A B, PROVENZI E, et al. A generalized white-patch model for fast color cast detection in natural images [J]. Electronic Imaging, 2016 (6): 1-4.

[27] PROVENZI E, GATTA C, FIERRO M, et al. A Spatially Variant White-Patch and Gray-World Method for Color Image Enhancement Driven by Local Contrast [J]. IEEE Transactions on Pattern Analysis & Machine Intelligence, 2008, 30 (10): 1757-1770.

[28] Chan W, Coghill G . Text analysis using local energy [J]. Pattern Recognition, 2001, 34 (12): 2523-2532.

[29] MAFFEI L, FIORENTINI A . The unresponsive regions of visual cortical receptive fields [J]. Vision Research, 1976, 16 (10): 1131-1139.

[30] 邱芳土，李朝义．同心圆感受野去抑制特性的数学模拟 [J]. 生物物理学报，1995 (2): 214-220.

[31] KADOSH R C, HENIK A, CATENA A, et al. Induced Cross-Modal Synaesthetic Experience

Without Abnormal Neuronal Connections [J]. Psychol, 2010, 20 (2): 258-265.

[32] HURLBERT A, POGGIO T. 1986. Visual information: Do computers need attention? [J]. Nature, 1986, 321 (12): 651-652.

[33] ITTI L, KOCH C, NIEBUR E. A Model of Saliency-Based Visual Attention for Rapid Scene Analysis [J]. IEEE Transactions on Pattern Analysis & Machine Intelligence, 1998, 20 (11): 1254-1259.

[34] YOHANANDAN S, SONGA, DYERA G, et al., Saliency Preservation in Low-Resolution Grayscale Images. [C] //European Conference on Computer vision (ECCV 2018): computer vision-ECCV 2018, 6: 235-251.

[35] ZHU Y, NACHTRAB G, KEYES P C, et al. Dynamic salience processing in paraventricular thalamus gates associative learning [J]. Science, 2018, 362 (6413): 423-429.

[36] ROY S, BASU A. An online unsupervised structural plasticity algorithm for spiking neural networks [J]. IEEE Transactions on neural networks and learning systems, 2016, 28 (4): 900-910.

[37] WANG F, JIANG M, QIAN C, et al. Residual attention network for image classification [C] //Proceedings of the IEEE conference on computer vision and pattern recognition. IEEE, 2017: 3156-3164.

[38] HU J, SHEN L, SUN G. Squeeze-and-excitation networks [C] //Proceedings of the IEEE conference on computer vision and pattern recognition. IEEE, 2018: 7132-7141.

[39] WOO S, PARK J, LEE J Y, et al. Cbam: Convolutional block attention module [C] //Proceedings of the european conference on computer vision (ECCV). Springer, 2018: 3-19.

[40] 徐树奎．基于计算摄影的运动模糊图像清晰化技术研究 [D]. 湖南：国防科技大学, 2011.

[41] CAI J F, DONG B, OSHER S, Shen Z W. Image Restoration: Total Variation, Wavelet Frames and Beyond [J]. J. Amer. Math. Soc, 2012, 25: 1033-1089.

[42] ZHENG S, PAN Z, WANG G, Audio X Y. A Variational Model of Image Restoration Based on First and Second Order Derivatives and Its Split Bregman algorithm [C]. In Proc. of the 2012 International Conference on Audio, Language and Image Processing (ICALIP), Shanghai, 2012: 860-865.

[43] LIU C, FREEMAN W T, SZELISKI R S, et al. Noise Estimation from a Single Image [C]. In Proc. of the 2006 IEEE Computer Society Conference on Computer Vision and Pattern Recognition, 2006: 901-908.

[44] HWANG Y, KIM J S, KWEON I S. Difference-Based Image Noise Modeling Using Skellam Dis-

tribution [J]. IEEE Transaction on Pattern Analysis and Machine Intelligence, 2012, 34 (7): 1329-1341.

[45] ZHOU Y Y, YE Z F, XIAO Y. A Restoration Algorithm for Images Contaminated by Mixed Gaussian Plus Random-valued Impulse Noise [J]. Journal of Visual Communication and Image Representation, 2013, 24 (3): 283-294.

[46] WEI Z P, WANG J, NICHOL H, etl al. A Median-Gaussian Filtering Framework for Moiré Pattern Noise Removal from X-ray Microscopy Image [J]. Micron, 2012, 43 (2-3): 170-176.

[47] LU C T, CHOU C T. De-noising of Salt-and-pepper Noise Corrupted Image Using Modified Directional-weighted-median Filter [J]. Pattern Recognition Letters, 2012, 33 (10): 1287-1295.

[48] HAN Y, FENG X C, BACIU G, Wang W W. Nonconvex Sparse Regularizer Based Speckle Noise Removal [J]. Pattern Recognition, 2013, 46 (3): 989-1001.

[49] 邹谋炎. 反卷积和信号复原 [M]. 北京: 国防工业出版社, 2001.

[50] YU P T, CHEN Y L, CHANG B M. A High Performance Filter Based on Statistic Methods for Image Processing [C]. In Proc. of the 8th Intelligent Systems Design and Applications (ISDA), Kaohsiung, 2008: 505 -510.

[51] NIKOLAOS V B, ZHIWEI X C. Gait Recognition Using Radon Transform and Linear Discriminant analysis [J]. IEEE Trans. On Image Processing, 2007, 16 (3): 731-740.

[52] 甘俊英, 何思斌. 非线性 Radon 变换及其在人脸识别中的应用 [J]. 模式识别与人工智能, 2011, 24 (3): 405-410.

[53] ZHAO X Q, WANG X M. A Novel Adaptive High-performance and Nonlinear Filtering Algorithm for Mixed Noise Removal [J]. Journal of Electronic Imaging, 2012, 21 (2): 1-15.

[54] LIN C H, TSAI J S, CHIU C T. Switching Bilateral Filter with a Texture /Noise Detector for Universal Noise Removal [J]. IEEE Trans. Image Processing, 2010, 19 (9): 2307-2320.

[55] MARTTI J, JYRKI K, TIMO R. Comparison of Algorithms for Standard Median Filtering [J]. IEEE Trans. Signal Processing, 1991, 39 (1): 204-208.

[56] NGUYEN T A, SONG W S, HONG M C. Spatially Adaptive Denoising Algorithm for A Single Image Corrupted by Gaussian Noise [J]. IEEE Trans. Consumer Electronics, 2010, 56 (3): 1610-1614.

[57] LI B, LIU Q S, XU J W, et al. A New Method for Removing Mixed Noises [J]. Science China, Information Sciences, 2011, 54 (1): 51-59.

[58] 刘益民. 图像运动模糊机理与恢复技术方法的研究 [D]. 南京: 南京理工大学, 2008.

[59] 刘明. 基于图像复原的航空摄影前向像移检测及补偿技术研究 [D]. 长春: 中国科学院研

究生院（长春光学精密机械与物理研究所），2005.

[60] 阮秋琦，仵冀颖．数字图像处理中的偏微分方程方法［J］．信号处理，2012，28（3）：301-314.

[61] ZHANG F，YOO Y M，KOH L M，et al. Nonlinear Diffusion in Laplacian Pyramid Domain for Ultrasonic Speckle Reduction［J］．IEEE Trans. on medical imaging，2007，26（2）：200-211.

[62] ALVAREZL L，ESCLARIN J. Image Quantization Using Reaction-diffusion Equation［J］．SIAM Journal on Applied Mathematics，1997，57（1）：153-175.

[63] ZHAO X Q，WANG X M，ZHANG L C. Reaction-Diffusion Equation Based Image Denoising Algorithm［J］．Chinese Journal of Electronics，2012，21（3）：495-499.

[64] BORODKIN S M，BORODKIN A M，MUCHNIK I B. Optimal Requantization of Deep Grayscale Images and Lloyd-Max Quantization［J］．IEEE Trans. On Image Process，2006，15（2）：445-448.

[65] 周雪媛．基于偏微分的图像修复算法研究［D］．成都：成都理工大学，2011.

[66] CHEN Y，VEMURI B C，WANG L. Image Denoising and Segmentation via Nonlinear Diffusion［J］．Computers and Mathematics with Applications，2000，39：131-149.

[67] DABOV K，FOI A，KATKOVNIK V，et al. Image Restoration by Sparse 3D Transform-domain Collaborative Filtering［C］．In Proc. of the SPIE Electronic Imaging，San Jose，California，January，2008（6812）.

[68] DANIELYAN A，KATKOVNIK V，EGIAZARIAN K. BM3D Frames and Variational Image Deblurring［J］．IEEE Trans. On Image Process，2011，21（4）：1715-172.

[69] DABOV K，FOI A，KATKOVNIK V，et al. BM3D Image Denoising with Shape-adaptive Principal Component Analysis［C］．In Proc. of the Workshop on Signal Processing with Adaptive Sparse Structured Representations（SPARS '09），Saint-Malo，France，April，2009.

[70] NEELAMANI R，CHOI H，BARANIUK R G. Forward：Fourier-wavelet Regularized Deconvolution for Ill-conditioned Systems［J］．IEEE Trans. On Image Process. 2004，52（2）：418-433.

[71] ZHUO S J，SIM T. Defocus Map Estimation from a Single Image［J］．Pattern Recognition，2011，44（9）：1852-1858.

[72] RAJ A N J，STAUNTON R C. Rational Filter Design for Depth from Defocus［J］．Pattern Recognition，2012，45（1）：198-207.

[73] ZHANG L，ZHANG L，ZHANG D. A Multi-scale Bilateral Structure Tensor Based Corner Detector［J］．Computer Vision-ACCV 2009，2010：618-627.

[74] BROX T，WEICKERT J，BERGETH B，et al. Nonlinear Structure Tensors［J］．Image and Vi-

sion Computing，2006，24（1）：41-55.

[75] 刘红毅．结构保持的图像去噪方法研究［D］．南京：南京理工大学，2011.

[76] 李庆菲．大气湍流退化图像复原研究［D］．安徽：合肥工业大学，2010.

[77] SHI D F，FAN C Y，SHEN H，et al. Restoration of Atmospheric Turbulence Degraded Images［J］．Optics Communications，2011，284（24）：5556-5561.

[78] HONG H Y，LI L C，ZHANG T X. Blind Restoration of Real Turbulence-degraded Image with Complicated Backgrounds Using Anisotropic Regularization［J］．Optics Communications，2012，285（24）：4977-4986.

[79] 李兵，刘全升，徐家伟，等．去除混合噪音的一种新方法［J］．中国科学：信息科学，2010，40（9）：1165-1175.

[80] 于冬岩．基于 Trace 变换不变特征的图像检索方法研究［D］．吉林：吉林大学，2009.

[81] LEFKIMMIAT IS，S，BOURQUARD A，UNSER M. Hessian-based Norm Regularization for Image restoration with biomedical applications［J］．IEEE Trans. on Image Processing，2012，21（3）：983-995.